空天信息技术系列丛书

复杂网络理论在空中交通管制中的应用研究

温祥西　吴明功　刘　飞　李双峰　甘旭升　孙静娟　编著

U0382424

西北工业大学出版社

西　安

【内容简介】 本书根据复杂网络理论在国内外空中交通管制的研究现状,主要介绍复杂网络理论在机场、航路、空中飞行状态等方面应用的研究情况。通过机场之间的通航关系、航路导航点关系、空中航空器的冲突关系等分别建立机场网络、航路网络和飞行冲突网络,对这些网络进行深层次的分析,寻求解决空中交通管制问题的方法。

本书适合从事空中交通管制理论研究及工程实践的技术人员和管理人员阅读,同时也可用作高等院校空中交通管制专业高年级本科生和研究生的教材和参考书。

图书在版编目(CIP)数据

复杂网络理论在空中交通管制中的应用研究 / 温祥西等编著. — 西安 :西北工业大学出版社,2024.1
ISBN 978 - 7 - 5612 - 9174 - 0

Ⅰ. ①复… Ⅱ. ①温… Ⅲ. ①计算机网络-网络理论-应用-空中交通管制-研究 Ⅳ. ①TP393.01 ②V355.1

中国国家版本馆 CIP 数据核字(2024)第 037709 号

FUZA WANGLUO LILUN ZAI KONGZHONG JIAOTONG GUANZHI ZHONG DE YINGYONG YANJIU
复 杂 网 络 理 论 在 空 中 交 通 管 制 中 的 应 用 研 究
温祥西 吴明功 刘飞 李双峰 甘旭升 孙静娟 编著

责任编辑:曹 江		策划编辑:华一瑾	
责任校对:张 潼		装帧设计:董晓伟	

出版发行:西北工业大学出版社
通信地址:西安市友谊西路 127 号 邮编:710072
电 话:(029)88491757,88493844
网 址:www.nwpup.com
印 刷 者:兴平市博闻印务有限公司
开 本:787 mm×1 092 mm 1/16
印 张:12.25
字 数:290 千字
版 次:2024 年 1 月第 1 版 2024 年 1 月第 1 次印刷
书 号:ISBN 978 - 7 - 5612 - 9174 - 0
定 价:78.00 元

前　　言

　　航空业的发展促进了我国空中交通运输的繁荣,对我国经济的快速稳定发展起到了关键作用。空中交通管制是保障航空业快速稳定发展的基础,它是一个复杂的系统工程,涉及面非常广,范围非常大——从中央到地方,从军航到民航,机场之间、航路航线之间相互交织,各种航空活动穿插进行。网络作为描述各种复杂系统的有效方式,通过对复杂系统的特定抽象,以点线形式,直观、形象地呈现出复杂系统中的各类关系。通过对系统抽象出的复杂网络的分析,可以发现复杂系统各要素之间的内在关系,进而有效解决复杂系统的各种问题。

　　本书针对空中交通管制中的机场、航线运行,空中飞行状态以及交通态势的评估等问题,通过构建相应的复杂网络(Complex Network),从网络视角解析这些问题。全书共分6章。第1章由温祥西编写,主要介绍空中交通管制的现状和面临的挑战,并简要概述了复杂网络理论在空中交通管理中的应用。第2章由吴明功、刘飞编写,通过构建机场网络,分析机场网络的特性和抗毁能力,以此找到机场网络中的关键节点。第3章由吴明功、温祥西编写,依据导航点和航线关系构建航线网络,找出航线中的关键航路段并给出了航路保护策略。第4章主要由温祥西、李双峰编写,依据空中飞机之间的关系构建飞行状态网络,分析空中飞行冲突情况,研究冲突解脱方法。第5章主要由甘旭升、孙静娟编写,结合空情和管制扇区,构建管制-飞行状态相依网络,评估管制系统运行态势。第6章由温祥西、甘旭升编写,分析飞行冲突网络的构建和应用。

　　在本书的编写过程中,研究生涂从良、蒋旭瑞、李佳威、王泽坤、叶泽龙、李昂、毕可心做了大量的基础研究工作,研究生彭娅婷、林福根、杨文达、邓王川子、孟令中、张传龙、谢涵臣、杨佳乐进行了校对工作,对他们表示真诚的感谢。本书的编写参考了相关文献资料,对其作者一并表示感谢。

　　本书的出版得到了国家自然科学基金"机器学习在军事活动对航空网络态势影响中的应用研究"(项目编号:71801221)的资助。

　　由于水平有限,书中难免存在不足之处,望广大读者批评指正。

编著者

2023 年 8 月

目　　录

第1章 绪 论

1.1 引 言

1920年5月7日,我国航空历史上第一条国内航线(北京—天津)开通,标志着国内航空运输业的起步。经过多年的发展,我国已经形成了一个庞大的航空网络。航空业的发展促进了我国交通运输业的繁荣,为我国经济的快速稳定发展起到了关键作用。据统计,2020年我国民航的旅客运输量为41 777.82万人次,货邮运输量为676.61万 t,运输总周转量为798.51亿 t·km;运输飞机起飞371.09万架次,运输飞行达876.22万 h;定期航班航线的数量为5 581条,航线里程达到1 357.72万 km。2021年底,全国运输机场数量达248个,完成977.74万起降架次;全国航线完成运输总周转量856.75亿 t·km,完成旅客运输量44 055.74万人次,相比上年分别增加了7.3%和5.5%。伴随航空事业快速发展而来的是越来越复杂的空中交通情况。空中交通管制部门通过空域管理、空中交通服务和空中交通流量管理等子系统共同为飞行员提供各类服务与保障,确保空中交通的安全、有序和高效。

空中交通管制系统是一个复杂的系统工程,涉及面非常广,范围非常大,从中央到地方,从军航到民航,机场之间、航路航线之间、协调关系相互交织,航空活动穿插进行,飞行冲突随时都有可能发生,如果处理不及时,甚至会发生飞机相撞的惨剧,对人民生命财产安全造成巨大威胁。除此之外,我国的空中交通运行是基于预先固定设计的管制区、扇区、航路及航路点组织实施的。机场终端区作为空中交通的密集和枢纽空域,飞行交叉汇聚点多,结构复杂,当航空器数量不断增多时,空中交通情况将变得越来越复杂,这些都会给我国的空中交通管制带来巨大挑战。如何有效应对这些挑战,是摆在空中交通管理人员面前的一个重要问题。

网络作为描述各种复杂系统的有效方式,通过对复杂系统的特定抽象,以点线形式,直观、形象地呈现出复杂系统中的各类关系。通过对系统抽象出的复杂网络的分析,可以发现复杂系统各个要素之间的内在关系,进而有效解决复杂系统的各种问题。基于复杂网络理论,人们对这些抽象出的复杂网络进行深层次的分析来寻求解决现实问题的方法,并取得了非常好的效果:在蛋白质网络中,剔除关键蛋白会导致生物体功能丧失或死亡;在社交网络中,通过网络分析,能够找出消息源;通过对恐怖组织网络的分析,能够快速确定恐怖组织的骨干;等等。这些让人鼓舞的成果推动着复杂网络理论的快速发展,其应用涉及越来越多的领域。本书将复杂网络理论应用于空中交通管制中,分析空中交通管制中的机场互通关系、航路航线连接关系、空中航空器之间的关系等,结合机器学习和智能搜索算法,为提高空管系统智能化水平,提升航空器运行安全与效率和为空管系统突破"人在回路中"的制约提供基础理论支撑。

1.2 复杂网络理论

随着近年来关于复杂网络(Complex Network)理论及其应用研究的不断深入,已有大量关于复杂网络的文章发表在 *Science*,*Nature*,*RL*,*NAS* 等国际一流的刊物上,复杂网络已经成为一个新兴的研究热点。追溯复杂网络理论的源头,两篇开创性的文章可以看作是其研究纪元开始的标志:一篇是美国康奈尔(Cornell)大学理论和应用力学系的博士生 Watts 及其导师(非线性动力学专家 Strogatz 教授)于 1998 年 6 月在 Nature 杂志上发表的题为"'小世界'网络的集体动力学"(Collective Dynamics of "Small-World" Networks)的文章;另一篇是美国 Notre Dame 大学物理系的 Barabāsi 教授及其博士生 Albert 于 1999 年 10 月在 *Science* 杂志上发表的题为"随机网络中标度的涌现"(Emergence of Scaling in Random Networks)的文章。这两篇文章分别揭示了复杂网络的小世界特征和无标度性质,并建立了相应的模型以阐述这些特性的产生机理。至此,人们逐渐展开了对复杂网络的研究,将现实世界中的各种复杂系统通过对其要素间复杂关系的特定抽象,直观地以点线形式形象地呈现出来。例如,通信基础设施系网络、蛋白质代谢网络和脑神经网络等。对复杂系统的理解、数学描述、预测是 21 世纪的主要科学挑战之一。本节将对复杂网络的特性及类型进行介绍。

1.2.1 复杂网络的特性

实际上,在每个复杂系统背后都有一个错综复杂的网络,网络刻画了复杂系统各个组成部分之间的交互关系,从而表现出了复杂性。因此,大多数复杂网络具有的复杂特性主要有以下 5 个方面:

(1)网络规模跨度大。复杂网络中的节点数可以由几十个到成千上万个不等,其构成表现出了数学中的统计特性。

(2)结构的复杂性。复杂网络形成的过程中一部分存在规律,而一部分存在一定的随机性。因此,称其具有内在的自组织规律,呈现出多种不同的特性。

(3)节点的复杂性。首先,复杂网络中的节点普遍都具有动力学复杂性,可以用非线性系统和控制理论进行理解和分析;其次,节点表现出多样性,即复杂网络中的节点可以代表任何事物,而且节点与节点之间的属性可以不同。

(4)网络时空演化复杂。复杂网络在时间和空间上都具有演化复杂性,表现出丰富的复杂行为,例如节点间出现周期、非周期、混沌等运动。

(5)多复杂性融合。若出现多重复杂系统相互影响,则会出现更加难以预测的现象。例如,构建蛋白质网络需要考虑蛋白质之间的影响及细胞的代谢,其之间的关系构成网络的拓扑结构。当蛋白质参与细胞代谢时,蛋白质网络的连边权重会发生改变,通过不断地学习与记忆可逐步改善网络性能。

此外,复杂网络在理解复杂系统过程中所采用的方法有以下特征:

(1)多学科特性。复杂网络为我们研究复杂系统提供了一种方法,使得多个学科可以借助该方法无障碍地进行相互交流。例如,社会网络领域在 20 世纪 70 年代提出的"介数中心性"概念,如今在识别互联网中的高通信负载节点方面发挥着重要作用。与此类似,计算机科学家们为图划分问题开发的算法后来被应用于医药领域的疾病模块识别和大规模社会网络的社区识别中。

(2)数据驱动的实证特性。复杂网络的一些关键概念都起源于图论,而复杂网络区别于图论的地方是它的实证特性,其关注焦点是数据、功能和效用。

(3)定量和数学特性。复杂网络借鉴了图论中的形式化方法来研究网络,借鉴了统计物理学的概念化框架来应对随机性和追求普适的指导原则。另外,网络科学从工程学中借鉴了包括控制论和信息论在内的概念,用于理解网络的控制原理,还从统计学那里借鉴了从不完整和有噪声的数据集中抽取信息的方法。因此,要深入了解复杂网络,需要掌握数学形式化原理。

(4)计算特性。现实中,人们感兴趣的网络往往很大,用以描述它们巨大的数据规模。网络科学家们在分析这些网络时通常面临一系列艰巨的计算挑战。因此,复杂网络具有很强的计算特性,经常需要从算法、数据库管理和数据挖掘领域借鉴方法。

1.2.2　复杂网络的类型

在 Watts 提出小世界网络,以及 Barabasi 发现无标度网络的开创性工作之后,研究者们针对现实世界中各领域的实际网络展开了研究。在此基础上,各式各样的网络拓扑结构相继被提出。本节主要阐述规则网络、随机网络、小世界网络以及无标度网络四种基本模型。

1. 规则网络(Regular Network)

规则网络模型内的网络节点间的连接遵循既定的规则,通常都表现出同样或相近的节点功能。现有常见的几种规则网络包括全局耦合网络(Globally Coupled Network)、最近邻耦合网络(Nearest-Neighbor Coupled Network)和星形耦合网络(Star Coupled Network),如图 1.1 所示。规则网络所具有的普遍特性是存在对称性和相似性,例如网络的度数、聚集系数等。

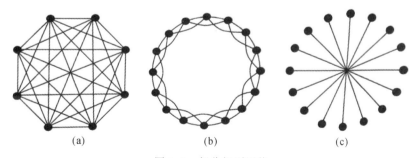

图 1.1　部分规则网络

(a)全局耦合网络;(b)最近邻耦合网络;(c)星形耦合网络

2. 随机网络(Random Network)

随机网络是指网络中的节点之间不存在任何连接规则,是一种纯粹的随机连接方式,如图 1.2 所示。随机网络有两种定义方式:①$G(N,L)$模型,N 个节点通过 L 条随机放置的链接彼此相连。②$G(N,P)$模型,N 个节点中,每对节点之间以概率 P 彼此相连。前者模型固定了总链接数 L,而后者模型固定了两个节点间的连接概率 P,就现实世界网络而言,很少存在固定链接数的网络,因此现有研究大多使用的是 Gilbert 所提出的随机模型。

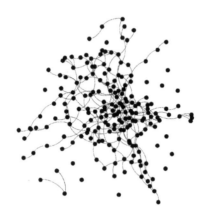

图 1.2　随机网络示意图

3. 小世界网络("Small-world" Networks)

小世界网络最早是由 Watts 和 Strogatz 提出的,它是介于随机网络与规则网络之间的一种状态,既具有随机网络较小的最短路径,又包含规则网络高聚类特性,如图 1.3 所示。该模型首先构建一个含有 N 个节点的规则网络,每个节点与其相邻节点间各有 $K/2$(K 取偶数)个节点相连。然后,将每条连边以概率 P 随机重新连接,若两节点之间在重连之前存在连边,则不再重新连接。

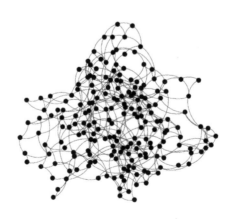

图 1.3　小世界网络示意图

4. 无标度网络(Scale-free Network)

无标度网络最早由 Barabasi 和 Albert 提出,由于网络具有幂律度分布且缺少内在标度,因此称其为无标度网络,如图 1.4 所示。该网络存在枢纽节点,其度分布服从幂律分布。现实中存在很多的真实网络都属于无标度网络,例如,机场网络、生物网络、社会网络等。它们具有两个典型特征:①生长性,真实网络是一个生长过程的结果,因此其节点数 N 会持续增加。②偏好连接特性,在真实网络中,新节点倾向于和链接数高的节点相连。相反,随机网络中的节点随机地选择节点进行连接。

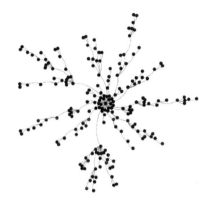

图 1.4 无标度网络示意图

1.3 网络拓扑指标

网络拓扑指标是研究复杂网络系统的基础,不同指标从不同的角度对网络进行分析。各指标根据描述对象的不同,可以分为节点特性指标和网络特性指标。下面对常用的复杂网络拓扑指标进行归纳整理。

1.3.1 节点特性指标

1. 节点度(Node Degree)

节点度是量化个体中心度最直接的指标。最重要的节点被认为必须是最活跃的节点,因此度表示连接到一个节点的边数,根据邻接矩阵,其定义为

$$k_i = \sum_{j \in V} a_{ij} \tag{1.1}$$

式中:k_i 表示节点 i 的邻域集合;a_{ij} 是邻域矩阵中相应位置的取值。

节点度反映了该节点与其他节点之间的关系,节点的度越大,其在网络中越重要,其连接关系也越复杂。

2. 节点强度（Node Strength）

大多数真实网络在通信强度上呈现出高度的异质性，作为补充，本书提出了边权来度量网络中节点对之间连接的紧密程度。因此，节点强度（简称"点强"）s_i 可以用节点度的定义来表示。

$$s_i = \sum_{j=1}^{N} a_{ij} \omega_{ij} \tag{1.2}$$

式中：ω_{ij} 为边权。可以注意到未加权网络度量的可变性在加权网络中得到了放大，因为可以使用多个变量来定义 ω_{ij} 的值。例如，在建立航空网络时可以考虑航班数量、提供的座位数量或运送的乘客数量，得到不同的加权网络。加权网络可以很好地描述和解释真实交通中观测到的丰富动态，点强则反映了节点与周围节点之间的相关信息。

3. 聚类系数（Clustering Coefficient）

聚类系数用于量化网络中节点之间的集聚程度，定义为一个节点的两个"邻居"之间相互连接的概率（即网络中的三角形的数量），计算方法由下式给出：

$$c_i = \frac{2m_i}{k_i(k_i-1)} \tag{1.3}$$

式中：m_i 表示节点 i 与第一个邻居之间的边数；k_i 表示节点 i 的节点度，该定义只考虑节点的近邻元素。

给定一个加权网络，聚类系数应改写为

$$c_w(i) = \frac{1}{s_i(k_i-1)} \sum_{j,k} \frac{\omega_{ij} + \omega_{ik}}{2} \cdot a_{ij} a_{jk} a_{ki} \tag{1.4}$$

式中：s_i 为点强；k_i 为节点度；节点 v_j、v_k 均与节点 v_i 构成连边；a_{ij} 代表节点对 v_i 和 v_j 之间的连接关系，当其构成连边时，$a_{ij}=1$，否则 $a_{ij}=0$。为使 $c_w(i) \in [0,1]$，等式右侧除以系数 $s_i(k_i-1)$。

4. 节点介数（Node Betweeness）

节点介数是量化节点对于网络内部路径的重要性的中心性度量。节点介数被定义为通过一个节点的最短路径在网络中所有可能的起点和终点之间的最短路径的比例。

节点介数反映了其在整个系统中的影响力，主要体现了节点或者边在整个网络中的地位和作用，节点介数 b_k 可由下式计算得到：

$$b_k = \sum_{i \neq j} \frac{\sigma_{ij}(k)}{\sigma_{ij}} \tag{1.5}$$

式中：$\sigma_{ij}(k)$ 是节点 v_i 与 v_j 之间经过节点 v_k 的最短路径数目；σ_{ij} 为节点 v_i 与 v_j 之间所有可能的最短路径数。

介数大的节点在网络中占据中心位置，其状态的改变将对其他节点的行为产生更大影响。由式（1.5）可知，b_k 的值越大，说明节点 k 在系统中的影响力和重要性越大。值得注意的是，在实际的交通系统中，这些节点之间的高介数性会对网络安全产生至关重要的影响。

5. 接近中心性（Closeness Centrality）

接近中心性是指计算节点 v_i 与网络中剩余节点之间距离的平均值，可用来解决特殊值问题。如果节点 v_i 与节点 v_j 相比,距离其他节点更近,则认为节点 v_i 的接近中心性比节点 v_j 大。通常来说,最靠近中心的节点具有信息流的最佳视野。假设网络有 n 个节点,以节点 v_i 为例,它到网络中剩余所有节点的最短距离平均值是

$$d_i = \frac{1}{n-1} \sum_{j \neq i} d_{ij} \tag{1.6}$$

由式(1.6)可知,d_i 越小,表示节点 v_i 与网络中其他节点之间的距离越近,为了保证指标与网络复杂性之间呈正比关系,节点 v_i 的接近中心性 CC(i) 由 d_i 的倒数表示,即

$$CC(i) = \frac{1}{d_i} = \frac{n-1}{\sum\limits_{j \neq i} d_{ij}} \tag{1.7}$$

从式(1.7)可以看出,CC(i) 的值越大,节点 v_i 就越接近网络中心,位置越重要,重要性也越大。然而,它仅适用于连通图内,当网络中存在两个节点不连通时,公式将面临发散的问题。

1.3.2　全局特性指标

1. 特征路径长度(Characteristic Path Length)

特征路径长度是网络通信的一个重要全局属性,它通过包含所有节点对的内部分隔来反映网络的内部结构。特征路径长度是复杂网络中一个重要的全局属性,它通过所有节点之间的最短路径距离的均值来反映网络整体的紧密程度,即

$$L = \frac{1}{n(n-1)} \sum_{i \neq j} d_{ij} \tag{1.8}$$

式中:n 为节点个数;d_{ij} 表示网络中任意两个顶点之间的距离。

对于无权网络,最短路径距离等于测地线长度。然而,该指标也面临着非连通图的发散问题。

2. 网络效率(Network Efficient)

网络效率是 Latora 提出的一个衡量网络信息交换性能的指标,假设网络内部信息传递的效率取决于节点对之间的最短路径长度。网络效率是所有节点之间通过最短路径取倒数和取平均值得到的,根据以上定义,网络效率(NE)可以用下式表示:

$$NE = \frac{1}{n(n-1)} \sum_{i \neq j} 1/d_{ij} \tag{1.9}$$

它是由节点间路径距离的倒数来计算的,因此避免了非连通图中无意义的定义。此外,当考虑网络中的所有节点时,为全局效率,当取子图的效率值的平均值时,为局部效率。式(1.9)中两个节点之间的距离是两节点之间的最少连边数,这也被称为测地线距离。网络效率可以反映网络信息交换的效率,NE 越大,节点对之间的距离越近,网络越复杂。网络效率能够很好地反映网络的内部复杂程度,因此常被用来进行网络复杂性分析。

3. 网络鲁棒性(Network Robustness)

网络鲁棒性用于测量在移除任何节点之后保持网络中剩余节点之间的连通性的能力的

平均影响,即删除任何节点后,网络中仍可连接的节点数与网络中节点总数之比的平均值。假设删除一个节点后,网络中剩余的节点集为 G_k,则网络鲁棒性 NR 的计算公式为

$$\mathrm{NR}=\frac{1}{n(n-1)}\sum_{i\in G_k}\sum_{j>i}a_{ij} \tag{1.10}$$

式中:n 代表剩余节点数量;a_{ij} 代表网络中节点之间的连接关系。

如果节点 v_i 与 v_j 之间有连接边,则 $a_{ij}=1$,否则 $a_{ij}=0$。网络鲁棒性体现了网络的抗毁顽存能力。

4. 连接密度(Connection Density)

在未加权网络中,连接密度是指网络中现有连边与可能存在的连边之间的比例。对于飞行状态网络,本书定义了加权连接密度:

$$\mathrm{CD}=\frac{2\sum_{i}^{n}\sum_{j}^{n}a_{ij}\omega_{ij}}{n(n-1)} \tag{1.11}$$

式中:n 是当前网络节点的总数。可以看出,CD 越大,整体异构性越高,网络流量越大,网络结构越复杂。

5. 最大连通子图(Largest Component)

连通子图是网络整体中的一部分,其中所有节点之间都至少存在一条路径相连接。如果网络是非连通的,它可以被分成两个或更多的子图。在这些子图中,包含节点数最多的子图就是最大连通子图 S:

$$\mathrm{LC}=|S| \tag{1.12}$$

式中:$|S|$ 是最大连通子图的大小。一般来说,最大连通子图中的节点越多,网络的复杂度越高。

6. 网络结构熵(Network Structure Entropy)

通常,把节点度与所有节点度之和的比值定义为节点重要度:

$$I_i=k_i/\sum_{j=1}^{N}k_j \tag{1.13}$$

然后引入网络结构熵(E_s)来衡量飞机对整个交通状况的影响程度。网络结构熵是衡量网络拓扑性质的宏观指标,描述了网络节点度的同质性和不同质性,有

$$E_s=-\sum_{i=1}^{N}I_i\ln I_i \tag{1.14}$$

1.4 本章小结

随着近年来关于复杂网络理论及其应用研究的不断深入,其已经成为物理界的一个新兴的研究热点。空中交通管制(简称"空管")系统是一个典型的复杂系统,采用复杂网络理论对其研究,有助于深入了解空管系统的各个要素之间的关系,辅助管制人员解决管制工作

中遇到的问题,这是编写本书的出发点。本书后续将从机场网络、航线网络、飞行状态网络、管制-飞行状态相依网络以及飞行冲突网络的构建和应用出发,介绍复杂网络理论在空中交通管制中的应用。

参 考 文 献

[1] 徐伟举.基于复杂网络的美国航空线路网络的抗毁性研究[D].成都:西南交通大学,2010.

[2] BARRAT A,BARTHELEMY M,VESPIGNANI A. The effects of spatial constraints on the evolution of weighted complex networks [J]. Journal of Statistical Mechanics: Theory and Experiment,2005(5):5003.

[3] GANESH B. Analysis of the airport network of India as a complex weighted network [J]. Physica A,2008,387(12):2972 - 2980.

[4] 刘宏鲲,周涛.中国城市航空网络的实证研究与分析[J].物理学报,2007,56(1):106 - 111.

[5] 党亚茹,李雯静.基于网络视角的航空客流结构分析[J].交通运输系统工程与信息,2010,10(5):167 - 174.

[6] 党亚茹,李雯静.中美航空客流加权网络结构对比分析[J].交通运输系统工程与信息,2011,11(3):156 - 162

[7] 曾小舟,唐笑笑,江可申.基于复杂网络理论的中国航空网络结构实证研究[J].交通运输系统工程与信息,2011,11(6):175 - 181

[8]   WANG J E, MO H H, WANG F H. Exploring the network structure and nodal centrality of China's air transport network:A complex network approach[J]. Journal of Transport Geography, 2011,1914:712 - 721.

[9] CAI K Q, ZHANG J, DU W B, et al. Analysis of the Chinese air route network as a complex network[J]. Chinese Physics B, 2012,21(12):28903.

第 2 章 机场网络构建及关键节点识别与攻击策略

经过多年的发展,我国已经形成了一个庞大的航空网络,航空业的发展促进了我国交通运输业的繁荣,为我国经济的快速、稳定发展发挥了关键作用。在实际运行中,由于受天气、自然灾害、战争、军事活动、设备以及人为因素等的影响,发生某些关键机场航线关闭的情况,往往会导致整个航空网络运行不畅、效率降低。本章通过将机场作为节点,将机场之间的通航关系作为连边来构建航空网络,进而分析网络的关键节点和网络的抗毁顽存能力。

2.1 机场网络的构建

航空网络是由通航城市机场和航线所构成的网络,即通航城市机场作为节点,通航城市之间有直飞航线则视为节点之间有连边,连边上的权重用航班数表示。在我国,两个机场之间相互往来的流量基本稳定,且流量相差很大的情况比较少,因此本书的研究对象为无向网络。

航空器以独立的个体在航线上运行,网络中存在相互影响的最小个体就是航空器。根据我国实际情况,我国的航班一般呈现以周为单位的周期性变化,且在无重大事件发生的情况下,未来近一周时间内的航班计划与实际相差不大。因此,本书以 2015 年 199 个国内定期通航城市为目标节点(不包括港澳台,不包括国际航班,一个城市有多个机场的进行数据合并),通过网页爬取,持续获取一周数据,得到一个月内各个城市间的直飞航班数,并以平均得到的每周航班数作为权重。

具体的数据处理过程如下。

(1)数据爬取。为了更好地研究我国航空网络的特征,必须有准确全面的数据。"去哪儿网"比较全面地给出了我国所有通航城市之间的航班数据。因此,本书以 HttpClient 类库为基础,通过 Java 语言编程,抓取 199 个通航城市间的所有直飞航班。网页爬取运行界面如图 2.1 所示。

(2)运用 EXCEL 对城市对之间的航班进行累加处理,然后利用 SUMPRODUCT 公式将数据表示成矩阵形式,最后通过 MATLAB 将数据转换成需要的对称矩阵,并且处理成平均周数据,得到航空网络邻接矩阵。

爬取程序的伪代码如下：

输入：城市列表、日期范围

创建线程池
创建写操作队列
while 每个日期
while 每个出发城市
　　while 每个到达城市
　　创建新线程
　　　　创建 http 客户端
　　　　构造 URL
　　　　使用指定的 URL 创建 Get 请求
　　　　创建响应信息处理器并执行请求
　　　　　　获取响应信息实体并创建输入流
　　　　　　读取包含航班信息的 json 数据
　　　　从 json 数据中提取单程航班信息
　　　　统计航班数量并加入写操作队列
　　endwhile
endwhile
　　线程池中的线程同步
　　将写操作队列中的数据写出到磁盘
Endwhile

输出：单月城市对间的航班数爬取数据

核心代码如下：

```
// Step 1：create the client
CloseableHttpClient client = HttpClients.createDefault();
// Step 2：set the specificurl and create requests
HttpGet httpGet = new HttpGet(Url.createUrlWithParameters(this.host, this.port, this.path,
                    this.fromCity, this.toCity, this.departureDate));
// Step 3：create the handler
ResponseHandler<JSONObject> handler = new WebReponseHandler();
// Step 4：execute the requests and receive the info
JSONObject receivedInfo = null;
try {
  receivedInfo = client.execute(httpGet, handler);
} catch (IOException ex) {
  ex.printStackTrace();
}
JSONObject flightData = (JSONObject) receivedInfo.get("oneway_data");
  intflightAmount = 0;
  if (flightData ! = null) {
JSONObject flightInfo = (JSONObject) flightData.get("flightInfo");
```

```
flightAmount = flightInfo. size();
}
try {
    Process(departureDate, fromCity, toCity, flightAmount);
    client. close();
} catch (IOException ex) {
    ex. printStackTrace();
}
```

(3)构建航空网络图。利用航空网邻接矩阵,结合 MATLAB 画图工具箱 m_map,绘制我国航空网络图。其中最主要的工作就是要找到网络中 199 个城市的经纬度坐标,根据这些坐标确定位置,利用邻接矩阵画出我国航空网络示意图,如图 2.2 所示。

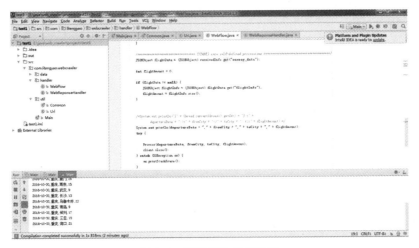

图 2.1　网页爬取运行界面

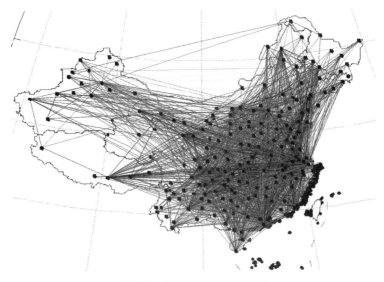

图 2.2　我国航空网络示意图

2.2　航空网络特征实证研究

对航空网络的拓扑参数和特征统计量进行分析,是理解和掌握航空网络的基础,是对航空网络展开进一步研究的必要条件。本节对机场网络的度分布、点强和边权分布、度度相关性等网络特征进行实证研究,分析机场网络的性能。

1. 度分布

节点度(Degree)是描述网络中独立节点与其他节点之间连接频率的度量,是复杂网络理论中比较重要的参数。节点度定义为节点邻边数:

$$k_i = \sum_j a_{ij} \tag{2.1}$$

式中:a_{ij} 表示节点之间连接状态,如果节点 i 和 j 直接相连则 $a_{ij}=1$,否则 $a_{ij}=0$。

节点度分布 $P(k)$(Degree Distribution)是描述节点度概率分布的度量,表示网络中度为 k 的节点占整个网络节点数的比例,也就是随机抽取网络中节点的度刚好是 k 的概率为 $P(k)$,有

$$P(k) = \frac{n(k)}{N} \tag{2.2}$$

式中:$n(k)$ 为度为 k 的节点个数;N 为网络节点总数。

有时候也用累积度分布函数(Cumulative Degree Distribution Function)P_k 来表示度分布:

$$P_k = \sum_{i=k}^{\infty} P(i) \tag{2.3}$$

度能最直接地反映节点之间连接情况,常作为衡量节点重要性的一个指标。由建立的航空网络计算得到:按度大小排在前五位的是北京、上海、广州、西安、成都,节点度分别为 161、160、123、129、126,这五个城市在地理位置上分别位于我国的不同方向,连接着最多的城市。整个网络的平均节点度为 22.7,意味着每个城市平均与 22.7 个城市相连,较 2011年增加了近一倍。图 2.3 给出了相关节点度的分布情况。图 2.3(a)(b)分别是直线坐标和双对数坐标下的度分布,图 2.3(c)(d)分别是直线坐标和双对数坐标下的累积度分布。从图 2.3(a)和图 2.3(c)可以看出,整个网络中度为 7 的节点最多,约占 8%,度在 9 以下的节点占 40%,度在 20 以下的节点占近 70%,超过一半,度在 100 以上的节点不到 5%,表现了航空网络的无标度特性。从图 2.3(a)和图 2.3(c)可以看出,度服从幂律分布 $y=150x^{-0.5945}$,也可以看出累积度分布能够消除网络度分布异质性对总体分布的影响。从图 2.3(d)可以看出,我国航空网络的度服从双段幂律分布。图 2.3(e)为度值排序下的节点数。

2. 点强和边权分布

点强也称节点强度,定义为节点所有邻边的权重之和,即:

$$s_i = \sum_{j \in N_i} w_{ij} \tag{2.4}$$

式中:N_i 是节点 i 的邻居节点集;w_{ij} 是邻边权重。

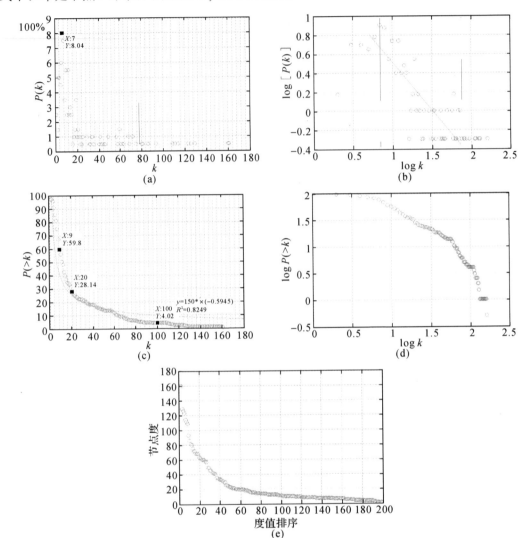

图 2.3　相关节点度的分布情况

(a)直线坐标度分布图;(b)双对数坐标下度分布图;(c)直线坐标累积度分布图;

(d)双对数坐标下累积度分布图;(e)节点度按序排列分布图

点强分布 $P(s)$ 定义为随机抽取节点的点强刚好是 s 的概率。同理可以定义边权分布 $P(e)$。

在航空网络中,点强与节点度都能反映机场的业务能力,尤其是点强,直接反映了机场在单位时间内航班的起降数量。图 2.4 是点强分布情况。由图 2.4 可知,由于点强分布跨越了 4 个数量级,分布非常广,导致出现图 2.4(a)所示的 1 条直线,但从图 2.4(b)(c)可以看出,累积点强分布仍近似服从幂律分布。

类似于点强分布,还可以得到边权分布。图 2.5 是直角坐标和双对数坐标下的累积边权分布图。由图可知:边权分布具有双段幂律特征,边权的数量级最大相差 3 个数量级,导致出现拖尾现象,而且前段拟合不及后段。

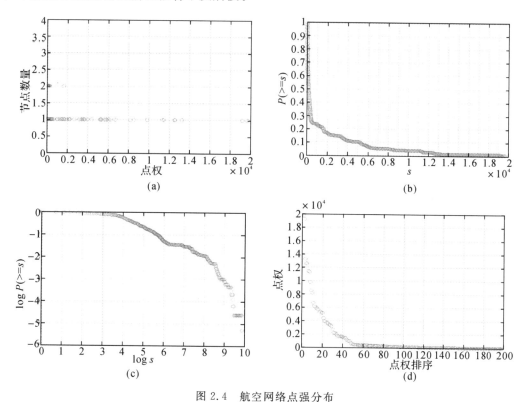

图 2.4　航空网络点强分布

(a)点强分布图;(b)累积点强分布;(c)双对数坐标下累积点强分布;(d)点强按序排列分布

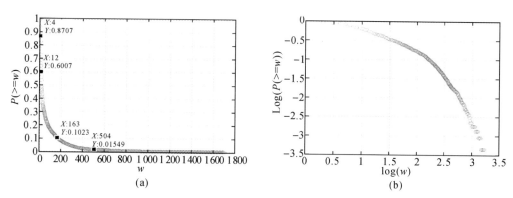

图 2.5　航空网络边权分布

(a)直角坐标下的累积边权分布;(b)双对数坐标下的累积边权分布

3. 度度相关性

度度相关性常用平均邻接节点度度量。如果度大的节点间更容易形成连接关系,则称度度正相关,网络为同配网络;如果度大的节点和度小的节点更容易形成连接关系,则度度是负相关的,网络为异配网络。节点 i 的平均邻接节点度 $k_{nn,i}$ 定义为

$$k_{nn,i} = \frac{1}{ki} \sum_{j \in Ni} k_j \tag{2.5}$$

度为 k 的所有节点的平均邻接节点度 $k_{nn}(k)$ 定义为

$$k_{nn}(k) = \frac{1}{n(k)} \sum_{i \mid ki=h} k_{nn,i} \tag{2.6}$$

式中：$n(k)$ 为节点度为 k 的节点个数。如果节点平均邻接节点度 $k_{nn}(k)$ 随着节点度 k 的增加而增加，则网络为同配网络，如果 $k_{nn}(k)$ 随着 k 增加而减小，则网络为异配网络，如果 $k_{nn}(k)$ 随着 k 的变化不变，则网络的度与度之间不相关。度度相关性反映的是度与节点连接偏好的关系。大量研究表明，社会网络倾向于正相关，万维网等技术网络呈现出负相关性。

图 2.6 所示的是平均邻接节点度下航空网络的度度相关性关系，网络总体呈现负相关性。从图 2.6(a)中看出，在 80% 的节点的度小于 20 的情况下，度相同的节点比较多，导致平均邻接节点度参差不齐，部分节点没有呈现负相关的特性；在度大于 20 时，网络明显是负相关的。图 2.6(b)表现得更明显：网络基本上是异配的，即度大的节点与度小的节点之间更容易形成相连关系。这种特性与我国城市实际是相契合的：虽然我国目前还未形成真正的枢纽航线网络，但北上广深等部分城市发挥着枢纽的作用，出于经济性的考虑，一般小城市通航首先会选择这些"枢纽城市"。

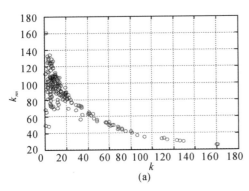 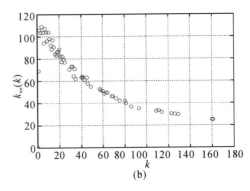

图 2.6　平均邻接节点度下航空网络的度度相关性

(a)无权平均邻接节点度；(b)无权 k 值平均邻接节点度

4. 权度相关性

目前，复杂网络的参数仅仅代表网络本身特点，缺乏统一的标准来判断网络某种性能的好坏，比如在求聚类系数、介数等参数值时，由于网络是静态的，求得的值并不能直观地反映该网络的性能，尤其在加权网络中。虽然很多参数已经进行了归一化处理，但归一化的本质是将网络与全耦合网络比较，现实意义并不大。在实际网络的研究中，研究者经常将实际网络随机化，从而得到一个相似网络，再进行比较。将随机置乱后的网络与实际网络进行比较，可以更直观地发现网络特性。为了更好地证实航空网络权度的相关性，本节将利用权重置乱算法对航空网络进行随机置乱，通过比较两者进行分析。

权重置乱算法仅仅交换了节点间连边的权重，避免了拓扑改变带来的影响，从而可以独立研究网络权重连接特性对网络各统计常数的影响。权重随机置乱一般选择在两两节点之间展开。权重置乱算法单步置换示意图如图 2.7 所示,初始网络中 $w_{AB}=2$,$w_{CD}=4$,权重置乱后 $w_{AB}=4$,$w_{CD}=2$。可以看出,网络的边权分布和拓扑结构并没有发生变化,变化的仅仅是权重连接属性。

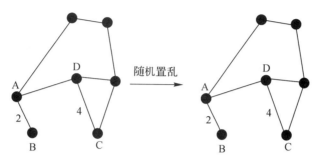

图 2.7　权重置乱算法单步置换示意图

基于此,下面分析航空网络的权度相关性。

(1)基于节点的权度相关性。基于节点的权度相关性是指某个节点的点强与其度之间的相关关系,从科学家合作网这个角度出发,其反映的是科学家交流合作的深度与广度的关系。基于节点的权度相关性定义为

$$S_w(k) = \frac{1}{n(k)} \sum_{i \,|\, k_i = k} S_i \tag{2.7}$$

当边权 w_{ij} 与网络的拓扑结构不存在相关关系时,有 $S_w(k) \approx \langle w \rangle \cdot k$,其中 $\langle w \rangle$ 是网络平均边权;反之,则有 $S_w(k) \approx A \cdot k^\beta$,此时 $\beta \neq 1$ 或 $\beta = 1$,$A \neq \langle w \rangle$。

(2)基于边权的权度相关性。与无权网络中度度相关性相似,基于边权的权度相关性研究的是权重较大的边与度之间的连接倾向性问题,这里用加权的平均邻接节点度 $k_{w\_nn,i}$ 来衡量,定义为

$$k_{w\_nn,i} = \frac{1}{S_i} \sum_{j \in N_i} w_{ij} k_j \tag{2.8}$$

式中:k_j 是节点 i 的相邻节点的度,w_{ij} 是节点 i 相邻边的权重。对于任何节点如果都有 $k_{w\_nn,i} > k_{nn,i}$,则意味着权重较大的边与度值较大的节点更容易相连;相反,如果 $k_{w\_nn,i} < k_{nn,i}$,则意味着权重较大的边与度值较小的节点更容易相连。同样,所有度为 k 的节点平均邻接节点度 $k_{w\_nn}(k)$ 定义为

$$k_{w\_nn}(k) = \frac{1}{n(k)} \sum_{i \,|\, k_i = k} k_{w\_nn,i} \tag{2.9}$$

式中:$n(k)$ 为节点度为 k 的节点个数。

基于节点的权度相关关系如图 2.8 所示。本书建立的航空网络共有 2 259 条连边,网络平均连边权重 $\bar{w} = 59.7$。从图 2.8 中可以看出,度值在 25 以下的各节点相互之间的 $S_w(k)$ 差异相对较小,度越大,差异越明显。通过对图中各点拟合,得到拟合曲线 $y = 6.257x^{1.58}$,拟合度为 0.965 4 和 $y = 61.04x$,拟合度为 0.931 8。这说明实际网络边权与网

络拓扑结构是相关的,而由于随机化网络边权已经随机化,有 $S_w(k) \approx \langle w \rangle \cdot k$,即边权与网络拓扑结构无关。也就是说,航空网络中,度越大,点强越大。

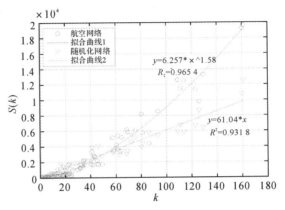

图 2.8　基于节点的权度相关关系

基于边权的权度相关关系如图 2.9 所示。从图 2.9 中可以看出,在度小于 20 的节点中,节点众多,导致节点与边权之间的相关性不很明显,但仍能看出很多节点的 $k_{w\_nn,i} > k_{nn,i}$,而度大于 20 时,明显有 $k_{w\_nn,i} > k_{nn,i}$。相对于航空网络,随机化网络则已经丧失了这种相关性,这从侧面说明了航空网络的发展具有规律性。也就是说,针对我国航空网络而言,边权大的边与度大的节点更易相连。这与我国目前的网络结构相吻合:虽然点对点式航线与枢纽航线并存,但小机场之间航班少,大机场发挥着类似"枢纽"作用,相互之间航班多。

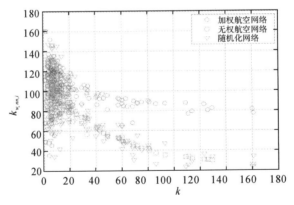

图 2.9　基于边权的权度相关关系

5. 介数与度和边权的关系

在社会网中,有些度很小的节点起着传递和枢纽的作用,对于这样的节点,用一个重要全局几何量——介数(Betweenness)来衡量。介数可以分为节点介数和边介数,反映节点或边在整个网络中的中心性,在网络动力学行为与级联失效模型的研究中发挥着重要作用。节点 k 的介数 $B(k)$ 定义为网络中任意节点对之间最短路径中经过节点的条数与最短路径总条数的比值:

$$B(k) = \sum_{i \neq j} \frac{\sigma_{ij}(k)}{\sigma_{ij}} \tag{2.10}$$

式中：$\sigma_{ij}(k)$ 表示节点 i、j 之间经过节点 k 的最短路径条数；σ_{ij} 表示节点 i、j 之间的最短路径条数。

同理可得边 e 的介数为：

$$B(e) = \sum_{i \neq j} \frac{\sigma_{ij}(e)}{\sigma_{ij}} \tag{2.11}$$

式中：$\sigma_{ij}(e)$ 是节点 i、j 之间经过边 e 的最短路径条数；σ_{ij} 表示节点 i、j 之间的最短路径条数。

无权介数与度和边权的关系分别如图 2.10 和图 2.11 所示。由图 2.10 可知，总体而言，随着度的增加，介数也随之增加，度大的节点介数普遍较高，但有些度相对较小的节点也有较大的介数，这些节点的失效能够对网络造成较大的影响，说明了介数在寻找重要节点上具有一定的作用。同时还发现，在度较小的节点之间，度值相差不大的节点的介数可能相差很大，这说明节点度与介数的正相关性不具有普遍性，而由图 2.11 无法看出无权介数与边权存在明显关系。

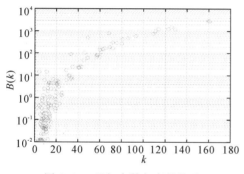

图 2.10　无权介数与度的关系

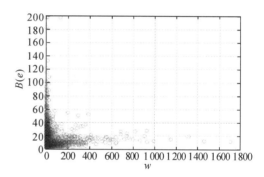

图 2.11　无权介数与边权的关系

6. 聚度相关性

聚类系数（Clustering Coefficient），又称簇系数，是描述网络中相邻节点之间相互连接紧密程度的度量，是衡量节点集团化程度（也称聚集特性）的一个重要参数，小世界网络的特征之一便是高聚集性。聚类系数 c_i 表示为节点 i 的相邻节点之间实际连边数与最多可能连边数的比值：

$$c_i = \frac{\text{包含节点 } i \text{ 的三角形数量}}{\text{与点 } i \text{ 相连的三元组数量}} = \frac{E_i}{k_i(k_i - 1)/2} \tag{2.12}$$

式中：k_i 为节点 i 相邻节点数；E_i 为 k_i 个相邻节点之间存在的实际连边数。式（2.12）中分母表示 k_i 个相邻节点之间最多可能连边数。网络聚类系数表示为

$$C = \frac{1}{N} \sum_{i=1}^{N} c_i \tag{2.13}$$

式中：N 为网络节点总数。聚类系数是网络连通程度的一个重要统计量，通过对聚类系数的研究，可以更加全面地发现网络的连接特性。显然 $0 \leqslant C \leqslant 1$，$C = 0$ 意味着所有节点之间

都没有连边,节点都是孤立的;$C=1$ 意味着所有节点之间都相连,即网络为全连通网络。加权聚类系数同样能反映网络的集团化特点,Banrrat 等定义加权聚类系数为

$$c_w(i) = \frac{1}{S_i(k_i-1)} \sum_{j,k} \frac{(w_{ij}+w_{ik})}{2} a_{ij} a_{jk} a_{ki} \qquad (2.14)$$

式中:k_i 是节点度;S_i 是点强;j、k 是节点 i 邻居节点中的不同节点,a_{ij} 代表节点之间的连接情况,即如果 i、j 之间有边相连则 $a_{ij}=1$,否则 $a_{ij}=0$。$S_i(k_i-1)$ 用以归一化处理,保证 $c_w(i) \in [0,1]$。

同理,所有度为 k 的节点的平均聚类系数 $C(k)$ 为:

$$C(k) = \frac{1}{n(k)} \sum_{i \mid k_i=k} c(i) \qquad (2.15)$$

平均聚类系数 $C(k)$ 刻画了网络聚度相关性。大量的实证研究表明,很多现实网络,如好莱坞电影演员合作网,它的聚度呈近似的倒数关系:$C(k) \propto k^{-1}$。这说明度值高的节点的聚类系数反而较低,这种性质被称作网络的层次性。具有层次性的现实网络还有万维网和代谢网,但具有空间限制的现实网络,比如电力网,则不具有这种层次性。这种差异可能与距离有关。

图 2.12 和图 2.13 分别是无权和加权网络的聚类系数。从图中可以看出,无论是网络聚类系数还是 K 值聚类系数,总体上都满足 $C_w < C$ 或 $C_w(k) < C(k)$,即加权的小于无权的,并且它们都随节点度的增加而减小。这说明边权重较小的节点之间更容易形成三角形连接,这与我国航空网络的实际情况相对应:小机场之间相互连接少,一般会通过与大城市相连达到通航目的,而与它们相连的大城市之间相互连接的可能性更大,因此更容易形成三角形,而大城市之间的情况正好相反。且由基于节点的权度相关性可知点强与度是正相关的,因而可以预测聚类系数与节点度是负相关的,如图 2.13 所示,即有 $C(k) \propto k^{-1}$。这说明航空网络具有层次性,同时也表明航空网络本身虽然具有空间性,但在网络发展形成中受空间距离的影响小,仍表现出了层次性,这与其他具有空间性的网络(如电力网络)不同。对此可以做以下分析:航空网络虽然具有空间性,但是各个节点之间距离相差并不是很大,以及航空器的快速性,都削弱了距离因素的影响;距离的影响主要在于因距离产生的成本,但航空运输业的高利润降低了成本在网络发展中的影响程度。从图 2.12 还可以看出,对于无权网络,多半以上的节点,尤其是度小于 40 的节点,均具有较大的聚类系数,这从侧面说明了我国航空网络具有较好的连通性。

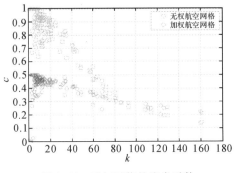

图 2.12　无权网络的聚类系数

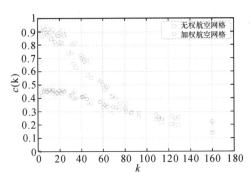

图 2.13　加权网络的聚类系数

2.3　基于 LS - SVM 的航空网络关键节点识别算法

本书通过对我国航空网络进行实证分析,明确了航空网络各个参数的分布特点和相互关系。在整个机场网络中,关键机场节点在实际的航路航线设计、攻防等方面都扮演着非常重要的角色。

当前,寻找复杂网络关键节点的理论性研究已成为热点。以往的关键节点识别方法存在的不足主要包括两方面:①侧重节点相互关系以及网络拓扑性质,忽略了网络边权的重要性。如最短路径破坏网络算法;通过对度数、介数、中心度等指标进行比较,再用博弈论分析节点重要性的方法;基于节点度、效率排序方法;提出的节点收缩识别法。这些方法对不带权网络的效果较为理想,但在航空网络中,由于未考虑航线流量这一反映机场与航线地位作用的重要指标,所得结论往往会与实际不符。②方法单一,有一定的局限性,通常只考虑节点的某一性质。例如,基于加权聚类系数的节点重要度排序方法;基于度中心性的节点关键性测度法;基于邻居节点度的网络节点识别方法。这些方法简单且效率高,但机场节点的重要性影响因素复杂多样,仅考虑个别性质往往难以获得准确的结论。

为了解决这两个问题,本书提出了用接近中心度(Closeness Centrality,CC)、介数(Betweeness Centrality,BC)、网络连接密度(Link Density,LD)以及网络效率(Network Efficiency,NE)来综合衡量节点的重要性,其中,网络连接密度涉及边权即航线流量。但是,航空网络的节点和连边数一般较多,在计算这些指标时,往往涉及最短路径等一些时间复杂度高的运算,非常耗时。因此,本书选择一小部分节点作为训练样本,用复杂指标对其进行评估,并得到综合重要度值,然后计算复杂度较小的简单指标,如节点度、点强等,利用 LS-SVM 对其训练,学习综合重要度值与简单指标的映射关系。这样对剩余大部分节点来说,只要求出其简单指标,便可以求得其综合重要度和排序结果。这种方法解决了上述指标单一、未考虑边权的问题,提高了节点排序的准确性,同时降低了计算复杂度,节省了大量时间。

2.3.1　算法步骤

本书提出了一种利用 LS - SVM 机器学习的方法,对航空网络节点重要性进行快速评估,算法步骤流程图如图 2.14 所示。

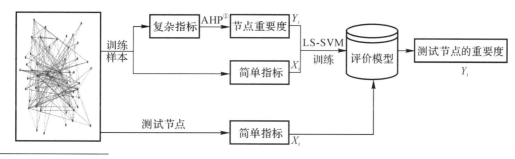

图 2.14　算法步骤流程图

①AHP:层次分析法,Analytic Hierachy Process。

如图 2.14 所示,关键节点识别算法可以分为 4 个步骤。

(1)构造训练样本集。从网络中随机产生部分节点,并计算四个复杂指标(接近中心性、介数中心性、网络连接密度、网络效率)的值。

(2)基于层次分析法(Analytic Hierachy Process,AHP),分析确定各个复杂指标的权重。求出 STEP1 中产生节点的综合复杂重要度 Y。

(3)样本训练。运用 LS–SVM 学习简单节点指标 X 与综合重要度 Y 之间的关系。

(4)评价过程:对于网络中除去训练样本的新节点,只需要计算节点的简单指标 X_t,并输入 LS–SVM 重要度评价模型,就可以得到节点的综合重要度 Y_t。

2.3.2 基于 AHP 的节点重要度评估

为了综合、全面评价节点的重要度,将社会网络中常用的指标分析方法和系统科学分析方法结合,分别计算各个复杂指标值,归一化处理后加权求和。

1. 复杂指标

对于社会网络中的指标分析方法,我们将接近中心性与介数中心性作为评估指标。下面分别对它们进行介绍。

接近中心性(CC):计算网络中某节点与剩余节点的距离平均值,解决特殊值问题。如果节点 v_i 与其他节点的距离比节点 v_j 与其他节点的距离小,则认为节点 v_i 的接近中心性比节点 v_j 大。通常来说,最靠近中心的节点具有信息流的最佳视野。设网络有 v_i 个节点,以节点 v_i 为例,它到网络中剩余所有节点的最短距离平均值是:

$$d_i = \frac{1}{n-1} \sum_{i \neq 1} d_{ij} \qquad (2.16)$$

若 d_i 较小,则表示节点 v_i 比较接近网络的剩余节点,因此 d_i 的倒数被定义为节点 v_i 的接近中心性,即

$$CC(i) = \frac{1}{d_i} = \frac{n-1}{\sum\limits_{j \neq i} d_{ij}} \qquad (2.17)$$

从式(2.17)可以看出,$CC(i)$ 的值越大,节点 v_i 就越接近网络中心,位置越重要,重要性也越大。接近度比节点度更能精确区分节点重要性,图 2.15 所示是分别用度和接近度方法效果的对比。

介数中心性(BC):在本章 2.2 节中,对于介数已经进行过说明,这里不再赘述。

对于系统科学分析方法,采用节点删除法,节点删除法的思想是:删除某个节点后,计算网络性能,并与原网络进行比较,网络性能变化越大,节点就越重要。对于网络性能,我们用网络连接密度与网络效率来衡量,下面对其进行介绍。

网络连接密度(LD):在无权网络中,连接密度是指网络中现有的连边与可能存在的连边的比值。对于航空网络,本书定义加权连接密度:

$$LD = \frac{\sum\limits_{i}^{n}\sum\limits_{j}^{n} a_{ij} w_{ij}}{2n} \tag{2.18}$$

式中：n 为当前网络节点总数，如果节点 v_i 与 v_j 直接相连，那么 $a_{ij}=1$，否则 $a_{ij}=0$；w_{ij} 为它们之间连边的权值。可知如果 LD 越大，那么其整体的异质性越高，网络流量越大，网络综合性能越好。

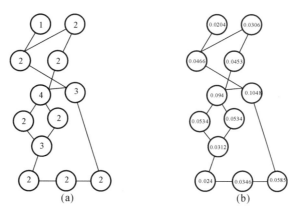

图 2.15　两种方法效果对比

(a)度方法；(b)接近度方法

网络效率（NE）是全部节点之间的距离倒数和的平均值，即

$$NE = \frac{1}{N(N-1)} \sum\limits_{i \neq j} 1/d_{ij} \tag{2.19}$$

式中：N 是网络中节点总数；d_{ij} 为节点 v_j 之间的距离。网络效率可以反映网络信息传输的难易程度，E 越大，信息传递越顺畅，抗毁性就越强。

为方便直观地比较 4 个复杂指标，将其优缺点与计算时间复杂度列于表 2.1 中。

表 2.1　4 个复杂指标的相关信息

指　标	优　　点	缺　　点	时间复杂度
CC	反映节点的位置信息	不适合大型网络	$O(N^3)$
BC	反映节点的负载能力	准确度不高/不适合大型网络	$O(N^3)$
NE	反映网络信息的传递能力	不适合大型网络	$O(N^3)$
LD	反映网络的异质性、负载能力	不适合大型网络	$O(N)$

可以看到，除了连接密度外，其余 3 个指标的计算时间复杂度均为 $O(N^3)$。虽然综合这 4 个指标能够较为全面地反映节点的重要性，但是耗费的时间较长，不适合复杂的大型网络。

2. 权重计算与归一化处理

从表 2.1 中可以看出，4 个指标从不同角度反映了节点的重要性。与其他 3 个指标比较，介数中心性（BC）是节点的全局性质，反映了节点对网络结构的重要性以及节点对网络中信息传递的作用,所以我们认为介数中心性排第一。对于网络效率(NE)和接近度(CC),前者反映节点对网络信息传递能力的影响,后者反映节点的位置信息,我们认为它们两个指标同等重要。网络连接密度(LD)反映了节点对网络连通性的影响,连通性固然很重要,但它对节点的结构重要性欠缺考虑,所以认为网络连接密度排在最后。

因此,结合航空网络实际以及上述分析,认为各指标的重要性为:BC>NE=CC>LD
复杂指标的权重计算采取层次分析法,这里采用 1-9 标度法,即见表2.2。

表 2.2　标度及其说明

标　度	定义及说明
1	指标 i 与指标 j 同等重要
3	指标 i 比指标 j 稍重要
5	指标 i 比指标 j 重要
7	指标 i 比指标 j 明显重要
9	指标 i 比指标 j 重要得多
$1/A_{ij}$	指标 i 与 j 的重要度之比互为倒数

对各指标进行比较,见表2.3。

表 2.3　各指标比较结果

CV	BC	NE	CC	LD
BC	1	3	5	7
NE	1/3	1	1	5
CC	1/5	1	1	3
LD	1/7	1/5	1/3	1

得到判断矩阵 A:

$$A=\begin{bmatrix} 1 & 3 & 5 & 7 \\ 1/3 & 1 & 1 & 5 \\ 1/5 & 1 & 1 & 3 \\ 1/7 & 1/5 & 1/3 & 1 \end{bmatrix} \tag{2.20}$$

求出判断矩阵 A 的特征向量和特征值是层次分析法的关键。在本书中,计算最大特征根 λ_{max} 相应的特征向量 W,并进行归一化处理,得到权重向量 W:

$$W_i=\frac{\sqrt[n]{\prod_{j=1}^{n}a_{ij}}}{\sum_{i=1}^{n}\sqrt[n]{\prod_{j=1}^{n}a_{ij}}} \tag{2.21}$$

式中:a_{ij} 是矩阵 A 中的元素;$W=[W_1\ W_2\cdots W_n]^T$ 是矩阵 A 最大特征值对应的特征向量。

根据下式,计算权重向量:

$$\boldsymbol{W}=\begin{bmatrix} W_1 & W_2 & W_3 & W_4 \end{bmatrix}=\begin{bmatrix} 0.578\,9 & 0.205\,5 & 0.159\,2 & 0.056\,5 \end{bmatrix} \quad (2.22)$$

按下来进行一致性检验,计算最大特征值 $\lambda_{\max}$:

$$\lambda_{\max}=\frac{1}{n}\sum_{i=1}^{n}\frac{\sum_{j=1}^{n}a_{ij}W_j}{W_i}=4.106\,2 \quad (2.23)$$

一致性指标 CI 为

$$\mathrm{CI}=\left(\frac{\lambda_{\max}-n}{n-1}\right)=0.035\,4 \quad (2.24)$$

一致性比重 CR 为

$$\mathrm{CR}=\frac{(\lambda_{\max}-n)/(n-1)}{\mathrm{RI}}=0.039\,3<0.1 \quad (2.25)$$

式中:RI 为随机一致性指标,当 $n=4$ 时,RI 取 0.9。

判断矩阵满足一致性检验,各指标权重为: $W_{\mathrm{BC}}=0.578\,9$,$W_{\mathrm{NE}}=0.205\,5$,$W_{\mathrm{CC}}=0.159\,2$,$W_{\mathrm{LD}}=0.056\,5$。

由于各数据数量级的差异,对各指标归一化,首先对介数进行处理,接近度的处理按照同样的方式:

$$\mathrm{BC}_i=\frac{\mathrm{BC}_i-\min\mathrm{BC}(v)}{\max\mathrm{BC}(v)-\min\mathrm{BC}(v)} \quad (2.26)$$

对于网络效率(NE)和连接密度(LD),需要计算它们的变化量来反映节点的重要性,进行如下处理:

$$\Delta_{\mathrm{NE}(v_i)}=\mathrm{NE}_E-\mathrm{NE}_{E-v_i} \quad (2.27)$$

$$\mathrm{NE}_i=\frac{\Delta_{\mathrm{NE}(v_i)}-\min\Delta_{\mathrm{NE}(v)}}{\max\Delta_{\mathrm{NE}(v)}-\min\Delta_{\mathrm{NE}(v)}} \quad (2.28)$$

$$\Delta_{\mathrm{LD}(v_i)}=\mathrm{LD}_E-\mathrm{LD}_{E-v_i} \quad (2.29)$$

$$\mathrm{LD}_i=\frac{\Delta_{\mathrm{LD}(v_i)}-\min\Delta_{\mathrm{LD}(v)}}{\max\Delta_{\mathrm{LD}(v)}-\min\Delta_{\mathrm{LD}(v)}} \quad (2.30)$$

式(2.27)、式(2.28)中,NE_{E-v_i} 是指当节点 v_i 被删除后的网络效率值,LD_{E-v_i} 是当节点 v_i 被删除后的网络连接密度值。

综上所述,4 个复杂指标的加权和即为综合重要度值:

$$Y_i=0.578\,9\times\mathrm{BC}_i+0.205\,5\times\mathrm{NE}_i+0.159\,2\times\mathrm{CC}_i+0.056\,5\times\mathrm{AC}_i \quad (2.31)$$

$$\boldsymbol{Y}=\begin{bmatrix} Y_1 \\ Y_2 \\ \vdots \\ Y_n \end{bmatrix} \quad (2.32)$$

式中:n 为节点个数;$\boldsymbol{Y}$ 表示 n 个节点的综合重要度列向量。

2.3.3 节点简单指标

简单指标值是 LS-SVM 的训练知识数据库,本书选取度值、点强、K-shell 值作为简单指标。节点度值在前文中已进行说明,以下对点强和 K-shell 方法的定义进行简要说明。

(1)点强:点强 S_i 考虑了航空网络中的边权,也就是航线流量,其表达式为

$$S_i = \sum_{j \in N_i} w_{ij} \qquad (2.33)$$

式中:N_i 为节点 v_i 的相邻节点集合;w_{ij} 是与节点 v_i 直接连边的权值。权值越大,说明该机场节点与周围机场联系越紧密。

(2)K-shell:如图 2.16 所示,K-shell 方法是几种节点排序的代表性算法,根据节点度或其他指标,将处在网络外壳的节点一层一层剥离,剥离越晚的节点就越重要。K-shell 的具体步骤:搜索网络中度为 1 的节点,删除此类节点及其连边;删掉这些节点后,网络结构发生了变化,把网络中新出现的度是 1 的节点及其连边删除,按照此方式,继续删除节点,直至网络中不包含度为 1 的节点。将删掉的节点组成的壳作为 1-壳(即 Ks=1)。同理,继续去除节点度为 2 的节点,作为 2-壳,以此类推,直至删完所有节点。这种方法对节点进行的是粗粒化排序,虽然精度不高,但反映了节点的全局性质。

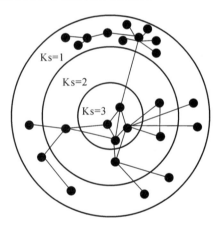

图 2.16 K-shell 法示意图

对于节点 v_i,其 K-shell 值为 Ks_i,值越大,节点越重要。下面将 3 个简单指标的优缺点列于表 2.4 中。

表 2.4 3 个简单指标的相关信息

指　标	优　点	缺　点	时间复杂度
度中心性	反映节点影响相邻节点的能力	只考虑节点局部信息	$O(N)$
点强	反映机场航线流量	只考虑节点局部信息	$O(N)$
K-shell	反映节点全局信息	精确度较差	$O(N)$

从表 2.4 中可以看出，度中心性与点强考虑节点的局部信息，而 K-shell 值反映节点的全局信息，这 3 个指标比较具有代表性，且都具有较低的时间复杂度。

下面同样对简单指标也进行归一化。

节点 v_i 的度值 D_i 为

$$D_i = \frac{D(v_i) - \min D(v)}{\max D(v) - \min D(v)} \tag{2.34}$$

对于节点 v_i 的点强 S_i 和 K-shell 值 Ks_i 可做同样的处理。

综上所述，n 个节点可以组成一个的简单指标值矩阵：

$$\boldsymbol{X} = \begin{bmatrix} D_1 & S_1 & \text{Ks}_1 \\ D_2 & S_2 & \text{Ks}_2 \\ \vdots & \vdots & \vdots \\ D_n & S_n & \text{Ks}_n \end{bmatrix} \tag{2.35}$$

2.3.4　最小二乘支持向量机

由于航空网络节点训练样本集中的复杂指标计算复杂度已较高，因此本书考虑 LS - SVM，学习简单指标与综合重要度之间的映射关系。LS - SVM 是近年来统计学习理论的重要成果之一，由 Suy ken 等人提出。LS - SVM 的数据训练基于结构风险最小化原则，它将传统 SVM 中的经验风险从偏差的一次方转变为偏差的二次方，用等式约束替换不等式约束，于是转化二次规划为线性方程组，最后进行求解，从而省去了对时间复杂度高的不敏感损失函数的运算，缩短了计算时间，运行速率比传统的支持向量机更大。其基本描述如下：

设有 n 个样本的数据训练集为 $\{(x_i, d_i), i = 1, 2, \cdots, n\}$，$x_i \in R^d$ 是第 i 个训练样本的输入向量，$d_i \in R^d$ 是相对应的输出，LS - SVM 用非线性映射函数 $\boldsymbol{\varphi}(x)$ 将输入数据映射到高维空间中进行线性估计：

$$f(x) = \boldsymbol{\omega}^{\text{T}} \boldsymbol{\varphi}(x) + b \tag{2.36}$$

式中：b 是映射偏置；$\boldsymbol{\omega}$ 是特征空间权值向量。

为了同时减小预测误差和计算复杂度，基于总体风险最小化原则，对问题进行优化：

$$\min \| \boldsymbol{\omega} \|^2 + \frac{1}{2} \gamma \sum_{i=1}^{n} (\xi_i + \xi_i^*) \tag{2.37}$$

$$y_i - \boldsymbol{\omega}^{\text{T}} - \boldsymbol{\varphi}(x) + b = e_i \tag{2.38}$$

式中：γ 为正则化参数；e_i 为回归误差。

为了将式(2.37)转变为无约束对偶空间优化问题，引入拉格朗日乘子，即：

$$L(\boldsymbol{\omega}, b, \boldsymbol{\xi}) = \min \| \boldsymbol{\omega} \|^2 + \frac{1}{2} \gamma \sum_{i=1}^{n} (\xi_i + \xi_i^*) + \sum_{i=1}^{n} \alpha_i [\boldsymbol{\omega}^{\text{T}}(x) - b + e_i - y_i] \tag{2.39}$$

式中：$\xi_i + \xi_i^*$ 为松弛变量；α_i 是拉格朗日乘子。

根据 Mercer 条件,核函数定义如下:

$$K(x_i,x_j)=\boldsymbol{\varphi}(x_i)^{\mathrm{T}}\boldsymbol{\varphi}(x_j) \tag{2.40}$$

用径向基核函数作为 LS-SVM 的核函数,可以得到 LS-SVM 回归模型:

$$f(x)=\sum \alpha_i \exp\left(-\frac{\parallel x_i-x_j \parallel^2}{2\sigma^2}\right)+b \tag{2.41}$$

式中:σ 表示径向基核数宽度。

本书运用 LS-SVM 对节点简单指标与重要度进行训练,将剩余节点的简单指标值输入 LS-SVM 回归模型后,就可以快速得到节点综合重要度。

2.3.5 仿真实验

为了验证方法的可行性,首先对随机网络进行测试,然后分别对我国和美国航空网络进行测试,并对测试结果进行相应分析。

1. 随机网络

产生随机网络 $G=\{V,E,W\}$,该网络含有 600 个节点,6 000 条连边,本实验的目的主要是检验方法的有效性,也就是判断 LS-SVM 是否能准确学习简单指标与综合重要度之间的关系。

按照关键节点识别算法步骤,先随机选择 60 个节点作为 LS-SVM 训练样本,计算出其复杂指标值,得到综合重要度 Y,然后计算出对应的简单指标值 X。对于参数径向基核数宽度 σ 与正则化参数 γ,用网格搜索法确定其取值范围,如图 2.17 所示。

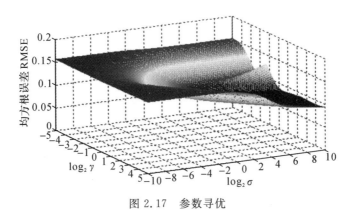

图 2.17 参数寻优

图 2.17 中,Z 坐标表示复杂指标的实际值和预测值的均方根误差(Root Mean Square Error,RMSE):

$$\mathrm{RMSE}=\sqrt{\frac{\sum\limits_{i=1}^{N}(Y-Y_i)^2}{N}} \tag{2.42}$$

可以看出,网格图底部较平缓,说明在很大取值范围内的两个参数都可以使 RMSE 最小化,因此,很容易找到合适的参数 γ 和 σ。

进行训练后,随机选择除训练样本之外的 60 个节点作为测试节点,计算得到其简单指标 γ 并输入 LS-SVM 重要度评估模型,得到测试结果 Y_t,与其原来复杂指标值评估得到的重要度 γ 进行比较,如图 2.18 所示。

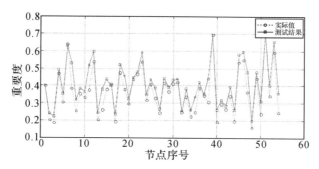

图 2.18　测试结果与实际值对比

可以看到,LS-SVM 输出的结果与原来的重要度值非常接近,验证了文中提出方法的准确性与可行性。用复杂指标对节点重要度评估所需要的时间复杂度为 $O(N^3)$,而 LS-SVM 评估仅需要 $O(N'^2)$,其中,N' 为训练样本数。因此,运用这种方法,可以通过简单、耗时少的指标快速得到节点的综合重要度。

2. 美国航空网络

对美国航空网络做同样的测试,该实验数据集包含 332 个机场节点、2 126 条连边(直飞航线)以及连边的权重(数据来源为 http://vlado.fmf.uni-lj.si/pub/networks/data)。美国航空网络的拓扑如图 2.19 所示。

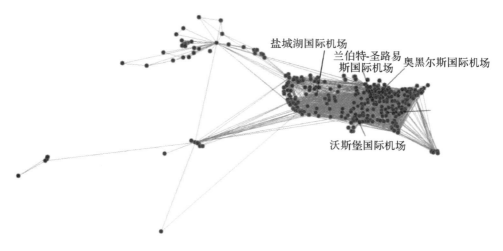

图 2.19　美国航空网络拓扑

根据提出的模型,通过网格搜索法确定参数,如图 2.20 所示。在节点重要度评估的整个过程中,耗时最长的是知识数据库的建立(复杂指标评估节点重要度),如果选择网络中大部分节点作为训练样本,评估方法就失去了时间复杂度低的优势,从而变得没有意义。因此,测试 LS‐SVM 是否只需要一小部分节点就能准确评估节点重要度。分别随机选择 20、40、60、80 个节点作为训练样本,然后比较测试结果与原来的重要度值,如图 2.21 所示。

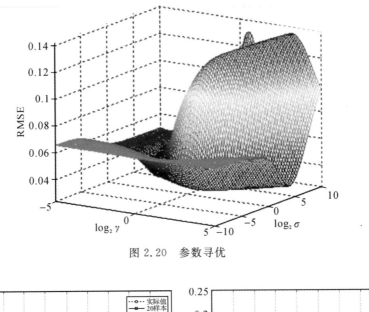

图 2.20　参数寻优

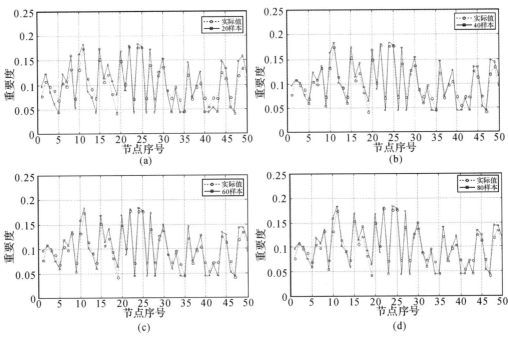

图 2.21　测试结果与实际值对比

(a) 20 个训练样本;(b) 40 个训练样本;(c) 60 个训练样本;(d) 80 个训练样本

从图 2.21 中可以看出,选择 20 个训练样本时,测试结果与原值的拟合效果较差,选择 40 个训练样本时,拟合效果明显改善,选择 60、80 个节点时,拟合效果无明显提升。因此,在美国航空网络中,只需计算 40 个节点的复杂指标值,这样可以大大减少原本的计算量,提高寻找关键节点的效率。

本书选择 40 个节点作为训练样本,对所有节点进行测试,得到测试结果后对节点进行排序,并与原复杂指标评估重要度排序、ACI 排序,进行比较,见表 2.5。其中,ACI 是指国际机场委员会对美国各机场的综合排名。

表 2.5 美国机场节点排序

排 名	方 法		
	ACI	复杂指标评估	本文方法
1	HartsfieldAtlan	ChicagoO'hare	ChicagoO'hare
2	ChicagoO'hare	DFW	DFW
3	DFW	HartsfieldAtlan	HartsfieldAtlan
4	Stapleton	San Francisco	G. Bush
5	Los Angeles	G. Bush	San Francisco
6	McCarran	MSP	MSP
7	G. Bush	Charlotte/Douglas	Charlotte/Douglas
8	Charlotte/Douglas	JFK	JFK
9	P S H	McCarran	McCarran
10	Philadephia	Anchorage	Anchorage
11	DMW	Lambert-St Louis	Lambert-St Louis
12	MSP	Bethel	Stapleton
13	JFK	Stapleton	Bethel
14	Newark	P S H	DMW
15	San Francisco	Salt lake city	P S H
16	Salt lake city	DMW	Salt lake city

观察排序结果不难发现,测试结果(简单指标评估结果)排名前 16 的机场节点与 ACI 仅有 3 处不同,说明提出的方法比较符合现实情况,具有一定的准确性。再将测试结果与原复杂指标评估结果进行比较,发现两种方法的结果几乎一致,在前几名中,只有 San Francisco 与 G. Bush 对调了顺序,后几名略有差异,说明了最小二乘支持向量机的学习效果较好,具有准确拟合数据的能力。

3. 我国航空网络

基于 2.2 节中建立的我国航空网络模型,采用本书提出的方法进行同样的测试,对我国航空网络进行关键节点识别。首先进行参数寻优,如图 2.22 所示,然后检验测试结果的准确性,如图 2.23 所示。

根据图 2.22 可以求得使误差最小的参数 γ 和 σ。本测试的训练样本是 40 个节点,图

2.23 表明测试结果在趋势上与实际值保持一致。下面对我国航空网络部分机场 199 个节点进行测试,并对节点进行重要程度排序,见表 2.6。

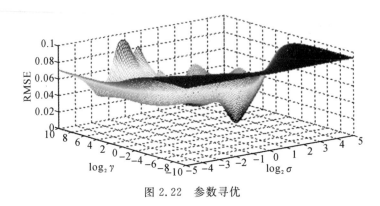

图 2.22　参数寻优

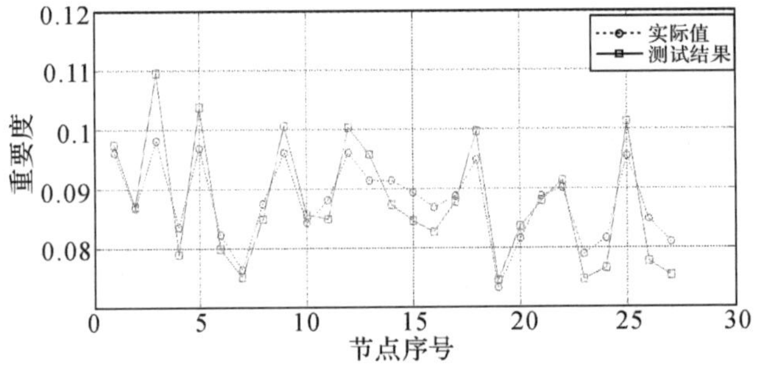

图 2.23　测试结果与原值对比

表 2.6　我国部分机场节点重要度排序

排名	节点	排名	节点	排名	节点	排名	节点	排名	节点	排名	节点
1	北京	35	宁波	69	连云港	103	阜阳	137	昭通	171	攀枝花
2	上海	36	珠海	70	大理	104	恩施	138	百色	172	抚远
3	广州	37	温州	71	运城	105	普洱	139	锦州	173	伊春
4	西安	38	南昌	72	库尔勒	106	南阳	140	东营	174	金昌
5	成都	39	丽江	73	喀什	107	佛山	141	秦皇岛	175	临沧
6	重庆	40	合肥	74	赣州	108	香格里拉	142	鸡西	176	永州
7	昆明	41	烟台	75	乌兰浩特	109	井冈山	143	池州	177	二连浩特
8	深圳	42	拉萨	76	襄阳	110	惠州	144	克拉玛依	178	连城
9	杭州	43	泉州	77	嘉峪关	111	南充	145	塔城	179	文山
10	厦门	44	揭阳	78	柳州	112	长白山	146	固原	180	格尔木
11	哈尔滨	45	无锡	79	长治	113	六盘水	147	库车	181	阿里
12	天津	46	海拉尔	80	延吉	114	满洲里	148	庆阳	182	吐鲁番

续表

排名	节点	排名	节点	排名	节点	排名	节点	排名	节点	排名	节点
13	大连	47	西双版纳	81	宜宾	115	宜春	149	唐山	183	河池
14	乌鲁木齐	48	绵阳	82	通辽	116	常德	150	黑河	184	日喀则
15	沈阳	49	包头	83	赤峰	117	梅县	151	延安	185	中卫
16	青岛	50	南通	84	兴义	118	景德镇	152	稻城	186	黎平
17	长沙	51	鄂尔多斯	85	洛阳	119	潍坊	153	邯郸	187	鞍山
18	海口	52	北海	86	黄山	120	牡丹江	154	哈密	188	通化
19	贵阳	53	榆林	87	阿克苏	121	佳木斯	155	那拉提	189	长海
20	郑州	54	常州	88	舟山	122	日照	156	阿尔山	190	神农架
21	南京	55	湛江	89	锡林浩特	123	张家口	157	腾冲	191	阿勒泰
22	武汉	56	遵义	90	大同	124	齐齐哈尔	158	芒江	192	凯里
23	兰州	57	张家界	91	济宁	125	吕梁	159	朝阳	193	阿坝
24	南宁	58	扬州	92	淮安	126	衡阳	160	衢州	194	九江
25	呼和浩特	59	徐州	93	西昌	127	丹东	161	梧州	195	阿拉善左旗
26	福州	60	临沂	94	芒市	128	巴彦淖尔	162	博乐	196	富蕴
27	三亚	61	毕节	95	林芝	129	安庆	163	汉中	197	宁蒗
28	济南	62	宜昌	96	九寨沟	130	乌海	164	忻州	198	阿拉善右旗
29	西宁	63	义乌	97	大庆	131	和田	165	昌都	199	安康
30	长春	64	威海	98	达州	132	安顺	166	黔江		
31	太原	65	盐城	99	万州	133	天水	167	广元		
32	银川	66	泸州	100	武夷山	134	加格达奇	168	海西		
33	石家庄	67	铜仁	101	伊宁	135	保山	169	玉树		
34	桂林	68	敦煌	102	台州	136	漠河	170	张掖		

根据表 2.5,可以得到以下结论:

(1)北京、上海、广州这 3 个城市为前三,这比较符合现实情况,初步验证了算法的准确性。

(2)西安排在第四,它是我国地理位置的中心,是贯通东西的交通枢纽,对整个航空网络具有较为重要的作用,这说明识别算法充分考虑了节点位置信息。

(3)紧接着的还有成都、昆明、重庆、深圳等城市,这些城市都是区域的中心,说明算法对这些局部影响较大的节点具有较强的识别能力。

(4)排在最后几位的安康、阿拉善右旗等城市或地处几何边缘地带,或航空流量小,说明算法能够准确判断它们的位置信息和边权信息。

图 2.24 是点强、介数、接近度和本书算法对我国航空网络中的北京、上海等 20 个城市节点进行排序的结果比较。横坐标表示城市节点,纵坐标是名次。从图中可以发现,在点

强、接近度和本书算法的排序中,北京、上海、广州分别排在了 1、2、3 位,说明这 3 个城市不论是按位置还是流量排名都比较靠前。4 种方法中,介数法将南京、青岛、郑州、三亚并列排在了第 22 名,这是因为自 22 名以后,所有节点的介数都为零,介数法对这些节点均没有区分性,说明介数的准确性较差。按照点强排序,也就是只计流量即机场繁忙程度,西安排在第 8,而在其他 3 种方法排在第 4,因此以点强排序将会导致结果不准确。以天津和乌鲁木齐为例,天津在网络中位置靠近中心但流量较小,乌鲁木齐处于边缘但流量较大,在 4 种方法中以接近度排序时天津最靠前,乌鲁木齐最靠后,以点强排序时则乌鲁木齐靠前,天津靠后,这说明接近度反映不了节点流量,而点强反映不了节点位置。综合来看,本书算法既能体现城市节点的流量和位置,又具有良好的区分度。

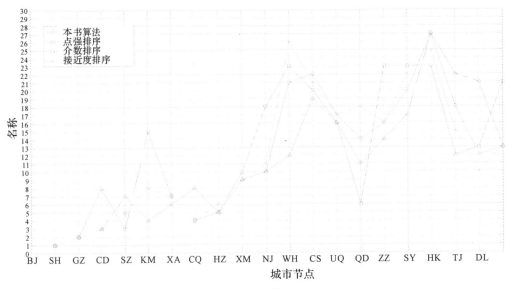

图 2.24　4 种方法排序结果比较

2.4　基于"不放回"节点删除法的航空网络攻击策略

2.3 节中,运用关键节点识别策略对我国航空网络进行了关键节点识别,得到了网络中较为重要的部分节点,但这些节点是网络处于静态环境下的关键节点。而攻击网络的过程是动态的,随着网络中节点、连边的减少,网络状态发生演变,如果选择攻击静态环境下得到的关键节点,就会使攻击效果不理想。本节借鉴节点删除法的思想,提出"不放回"的动态攻击策略。

在攻击航空网络的过程中,人们往往忽视了一个问题,就是随着攻击的进行,重要节点逐个失效,网络处于一个动态变化的过程中,剩余机场节点的性质在不断改变,某些机场节点在攻击前可能不是重要节点,但是在网络受到蓄意攻击导致前一个重要节点失效后,就会转换角色,变成新的重要节点,这就是潜在的重要节点。节点删除法的主要思想是将节点删除,对网络进行评估后,仍然将节点放回到原网络中,继续删除下一节点,这样往往不能发现一些潜在重要节点。在航空网络中,多数节点被破坏之后在短期内难以恢复,此时如果不将已攻击节点剔除在外,必然会偏离实际,从而影响攻击效率。基于以上原因,在此提出一种"不放回"航空网络攻击策略,该方法在用节点删除法获得网络中重要度最大的节点后,将其从网络中剔除,继续对下一轮节点进行评估,继续攻击重要度最大的节点,依此类推,直到攻击完所有节点。这种方法更加符合现实航空网络的特点,攻击效果也更加明显。

　　传统节点删除法中,最典型的是 Corley 和 Sha 提出的最短路径法和陈勇等人提出的生成树法,前者移除某个节点后,通过对比最短路径的变化情况来度量该节点的删除对网络所造成的损害程度,后者通过生成树数量的变化情况来衡量损害程度。这些大多是基于网络联通性的变化来衡量节点的重要度。虽然网络联通性是一个重要性质,但在航空网络中,仅仅用联通性来评价其性能显得单一且不准确。针对航空网络的特点,提出用网络效率、最大连通子图节点数与网络流量这 3 个指标替代网络的连通性来计算综合性能,通过对比攻击节点前后网络综合性能的变化来计算节点重要性,与以往方法相比更具全面性,更能够适应航空网络的实际情况。

2.4.1　攻击步骤

图 2.25 是本书方法的一个简单流程图。

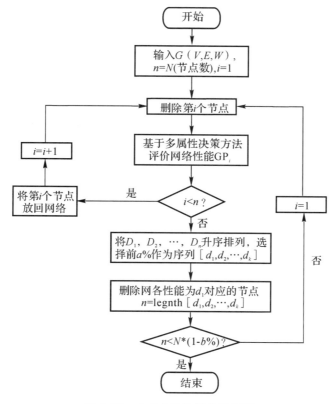

图 2.25　本书方法的简单流程图

具体步骤如下：

(1)假设网络中有 N 个节点,运用节点删除法对所有节点进行综合性能评估,按照删除节点后网络综合性能值大小对节点进行排序,网络综合性能值 GP_i 越小,节点排名越靠前。得到序列 $\{v_1, v_2, \cdots, v_{|N|}\}$,将排名第一的 v_1 作为 1 号攻击对象节点,并从网络中剔除。

(2)选取序列 $\{v_2, \cdots, v_{|N|}\}$ 前 30% 的节点进行第二轮的评估,这里同样采取节点删除法,选择第一名作为 2 号攻击对象节点并剔除。选取 30% 是由于关键节点一般都排在整个网络的前 30%,潜在的关键节点也不会超出这个范围,这样可以减少冗余的计算。

(3)因此,继续重复步骤(1)(2),直到攻击完总节点个数的 20%,就可以得到一组节点攻击序列 $\{v_1, v_2, \cdots, v_m\}$ $(m=0.2N)$,这组节点包括第一次重要度评估中没有被发现的潜在关键节点。只攻击 20% 的节点是因为航空网络中具有重要地位的关键节点数量较少,只需攻击一小部分节点就足以使整个网络崩溃,攻击过多的节点没有现实意义。

这种"不放回"方式的优点是能够发现网络中的潜在关键节点。举个简单的例子,如图 2.26 所示,在初始状态下按节点度排序,很容易看出 2 号为关键节点,3、4、5、6 号节点重要度相等;而在攻击剔除 2 号节点后,4 号变成了关键节点,即潜在的关键节点。

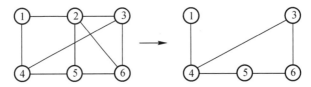

图 2.26 "不放回"方式网络中的潜在关键节点示意网络

2.4.2 网络综合性能指标

在 2.3 节的关键节点识别中,将节点介数、接近度、网络效率、网络连接密度作为综合性能的评判依据。由于本节衡量的是网络而非节点抗毁性能变化,所以将网络效率、最大连通子图大小、网络信息量作为网络综合性能的 3 个指标。由于网络效率已进行了介绍,下面只说明最大连通子图与网络信息量。

(1)最大连通子图:连通子图是网络中的某一部分,在这些节点中,所有节点对之间都存在一条或一条以上的路径。如果图是非连通的,那么它就可以分为 2 个或 2 个以上的子图,在这些子图中,包含节点数最多的就是最大连通子图:

$$\eta = |S| \tag{2.43}$$

式中:η 为最大连通子图的大小;$|S|$ 表示 S 包含的节点数。

一般来说,最大连通子图中节点数越多,网络性能越好。

(2)网络信息量:对于网络而言,完成信息传递是其重要的功能,信息量是网络综合性能的重要指标。网络信息量 φ 定义为整个网络能完成的信息传递量:

$$\varphi = \frac{1}{2} \sum_{i}^{n} \sum_{j}^{n} w_{ij} \tag{2.44}$$

式中：w_{ij} 表示以节点 v_i 为起点，节点 v_j 为终点的边的权重；n 为当前网络节点个数。

对航空网络而言，网络信息量越大，其运输量越大。

同样运用层次分析法，通过一致性检验确定了各指标的权重，$W_E = 0.104\ 7$，$W_\eta = 0.637\ 0$，$W_F = 0.258\ 3$。

2.4.3 基于多属性决策的网络综合性能变化评估

对于网络综合性能的变化，采用多属性决策评价方法。由于本书的研究对象是删除不同节点的网络，所以将删除不同节点后的每一个网络看作一个方案，那么评价网络性能的多个评价指标可以看作各方案的属性，于是对网络性能的评价就可以转变为一个多属性决策问题，评价各方案的综合性能就是决策准则。

在一个节点数为 N 的网络中，将删除节点 v_i 后的网络记为 G_i，那么 $G = \{G_1, G_2, \cdots, G_N\}$ 就是相应的决策集。若评价网络抗毁性的指标有 m 个，则对应的方案属性集合记为 $S = \{S_1, S_2, \cdots, S_m\}$。

于是，网络 G_i 的第 j 个指标为 $G_i(S_j)(i = 1, 2, \cdots, N; j = 1, 2, \cdots m)$，构成决策矩阵

$$\boldsymbol{X} = \begin{pmatrix} G_1(S_1) & \cdots & G_1(S_m) \\ \vdots & & \vdots \\ G_N(S_1) & \cdots & G_N(S_m) \end{pmatrix} \tag{2.45}$$

由于各指标的量纲有差别，为方便比较，将指标矩阵进行如下标准化处理：

$$r_{ij} = \frac{G_i(S_j)}{G_i(S_j)^{\max}} \tag{2.46}$$

式中：$G_i(S_j)^{\max} = \max\{G_i(S_j) \mid 1 \leqslant i \leqslant N\}$。于是得到：$\boldsymbol{R} = (r_{ij})_{N \times m}$。

设第 j 个指标的权重为 $W_j(j = 1, \cdots, m)$，其中，$\sum W_j = 1$，与规范化决策矩阵 $\boldsymbol{R}$ 构成加权规范化矩阵

$$\boldsymbol{Y} = (y_{ij}) = (W_j r_{ij}) = \begin{pmatrix} W_1 r_{11} & \cdots & W_m r_{1m} \\ \vdots & & \vdots \\ W_1 r_{N1} & \cdots & W_m r_{Nm} \end{pmatrix} \tag{2.47}$$

基于 TOPSIS 方法，根据矩阵 $\boldsymbol{Y}$，可以确定正理想方案 A，正理想方案是各可行方案中各指标值最大者，也就是删除节点后，网络性能值减少最小的方案：

$$A = \{\max_{i \in L}(y_{i1}, y_{i2}, y_{im})\} = \{y_1^{\max}, y_2^{\max}, y_m^{\max}\} \tag{2.48}$$

接下来计算每个方案 G_i 到正理想方案 A 的距离：

$$D_i = \sqrt{\left[\sum_{j=1}^{m}(y_{ij} - y_j^{\max})^2\right]} \tag{2.49}$$

距离 D_i 越大，方案 G_i 到正理想方案 A 的距离越大，也就说明攻击节点 v_i 后的网络 G_i 抗毁性变化越大，即节点越重要。

2.4.4 仿真实验

1. 随机网络

为了验证方法的有效性,运用软件生成随机加权网络 $G=(V,E,W)$,对其测试。其中,网络中包含 14 个节点,20 条边,边权在图 2.27 中已标注。

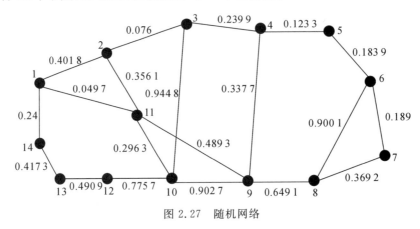

图 2.27 随机网络

用传统的节点删除法思想,采取本文提出的 3 个综合性能指标,得到"放回"方法的攻击序列。接下来,依次攻击剔除排名第一的节点,分别对每一次剔除节点后的网络节点进行重要度排序,得到"不放回"方法的攻击序列。这里同时给出用接近度算法与 K-shell 算法的攻击序列,见表 2.7。

表 2.7　不同方法攻击序列

排　　名	攻击策略			
	不放回	放回	接近度算法	K-shell
1	10	10	9	11
2	1	9	11	10
3	8	8	10	9
4	4	6	3	3
5	11	3	4	2
6	13	12	8	4
7	6	11	2	1

从表 2.7 中可以看到,运用"不放回"节点攻击策略得到的攻击序列与"放回"策略得到的序列明显不一致。攻击完 10 号节点后,原本排在 7 名之外的 1 号节点成为了最重要节点;4、13 号节点原本不是关键节点,但按照"不放回"方法,这些节点排在了前 7 位。由此可见,如果只是按照节点删除法第一次排序的结果对网络进行攻击,就很容易忽略网络中的一

些潜在关键节点,从而降低网络攻击效率。对比接近度算法、K-shell 算法与"不放回"攻击策略,可以发现,连接 8 号节点的边权重值明显大于 4 号节点,在 K-shell 算法与接近度算法中,4 号节点排在了 8 号之前,没有考虑网络边权,而"不放回"方法很好地克服了此缺点。此外,在两种序列中都位于前十名的有 10、8、11、6 号节点,说明这些节点在其他节点失效的情况下依然具有很大的重要性,可以称之为"不变"关键节点。图 2.28 给出了网络综合性能随节点被攻击时的变化,其中,NR 为不放回策略,R 为放回策略。

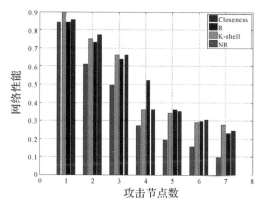

图 2.28 网络综合性能随攻击节点数变化

根据图 2.28 比较在 4 种方法攻击下的网络综合性能变化,可以看到,从攻击第 2 个节点以后,按照"不放回"策略攻击节点的网络综合性能值明显比"放回"策略小,这说明两种不同的攻击节点方式对网络的破坏性具有较大差异,从侧面反映了在节点删除法攻击策略中,节点"不放回"的重要性。此外,可以看到,按照接近度与 K-shell 算法攻击完第 7 个节点后,网络综合性能值仍高于 0.2,是"不放回"攻击策略的 2 倍多,表明"不放回"攻击策略的攻击效果也优于另外两种方法。

为了能够直观地看出"不放回"攻击策略相对于"放回"策略的优势,按照两种方法得到的序列攻击网络,比较两种情况下网络结构的变化,得到表 2.8。其中,N 表示攻击节点个数,T 代表网络拓扑图。

表 2.8 网络结构随攻击节点数变化

N	T	
	不放回	放回
1	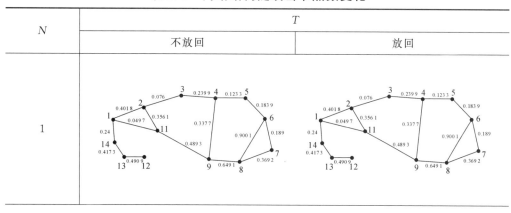	

续表

N	T	
	不放回	放回
2	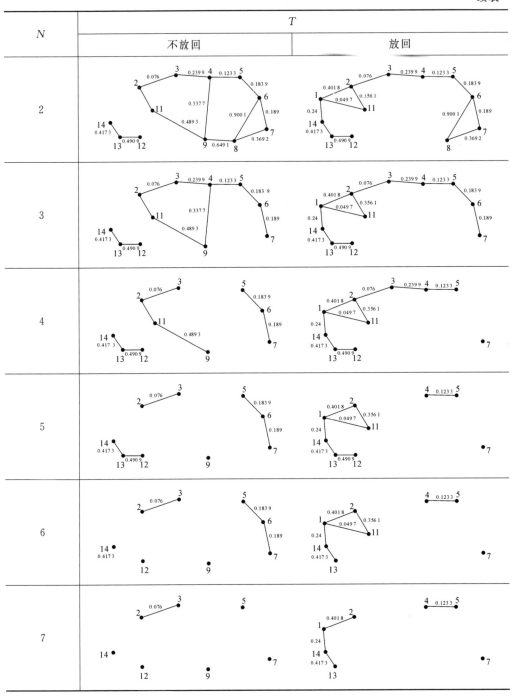	
3		
4		
5		
6		
7		

从表 2.8 中可以看到,按照"不放回"策略的序列攻击网络节点时,当攻击到第 2 个节点时,网络已经不连通,攻击到第 7 个时,网络只剩下一个连边,其余均为孤立节点;按照"放回"的序列攻击网络节点时,攻击到第 4 个节点网络才开始不连通,攻击到第 7 个节点时仍

部分连通。这说明"不放回"攻击策略对网络的破坏性远远大于"放回"策略。

　　"不放回"攻击策略的优点在于能够结合实际航空网络中由于短期内节点的不可恢复性,同时能够兼顾边权,客观评估当前网络节点综合性能重要度,并实施攻击。接下来将"不放回"策略应用于我国航空网络与美国航空网络。

2. 我国航空网络

　　实验中,按照本书提出的方法,得到表 2.9 的攻击序列。此外,计算各节点接近度,以接近度排序为对照组,列入表 2.9。

表 2.9　航空网络节点攻击序列

排名	攻击策略			排名	攻击策略		
	不放回	放回	接近度		不放回	放回	接近度
1	北京	北京	北京	11	厦门	乌鲁木齐	厦门
2	上海	上海	上海	12	青岛	南京	哈尔滨
3	广州	广州	广州	13	贵阳	大连	大连
4	重庆	深圳	西安	14	大连	青岛	沈阳
5	深圳	重庆	成都	15	哈尔滨	哈尔滨	海口
6	昆明	昆明	重庆	16	长沙	长沙	青岛
7	成都	成都	昆明	17	呼和浩特	郑州	乌鲁木齐
8	西安	西安	深圳	18	武汉	沈阳	长沙
9	乌鲁木齐	杭州	杭州	19	南京	武汉	贵阳
10	杭州	厦门	天津	20	郑州	贵阳	兰州

　　可以发现,"不放回"攻击剔除节点顺序与"放回"有一定出入:深圳和重庆对调位置,乌鲁木齐由原来的 11 名排到了第 9,贵阳由第 20 名排到了第 13,呼和浩特原本不在前 20,在"不放回"攻击中排到了第 17。由此可见,本书提出的方法能够有效发现我国航空网络中由于攻击关键节点后而改变性质的潜在重要节点。从航线流量的角度看,以天津为例,它在网络中的位置靠近中心,但根据图 2.29 可以发现天津的流量并不是很大,将航线流量作为指标之一的"不放回"和"放回"攻击策略将天津排在了 20 名之外,相比接近度算法将天津排在第 10 名,本文提出的攻击策略更加客观。

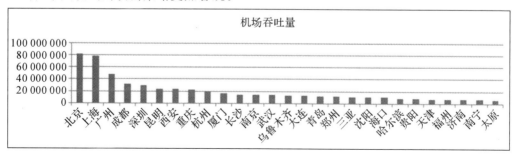

图 2.29　我国部分机场吞吐量排序

为了比较各指标在攻击过程中的变化,对其绘制了变化曲线,如图2.30所示。

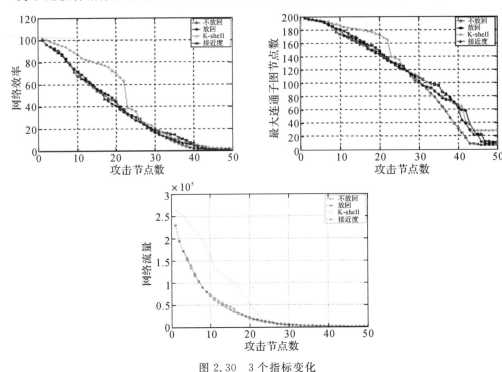

图 2.30 3 个指标变化
(a)网络效率变化;(b)最大连通子图节点数;(c)网络流量变化

从图2.30可以看出,对我国航空网络进行攻击时,3类指标值都逐渐下降。无论是"不放回"还是"放回"攻击策略,它们攻击的前10个节点几乎是一样的,所以可以观察到在攻击完前10个节点后,各个指标值非常相近。当攻击至第10个节点左右时,"不放回"与"放回"攻击策略的网络效率与最大连通子图节点数指标差距开始显现,当攻击至30个节点后,"不放回"与"放回"的最大连通子图节点数差距开始拉大。观察图2.30(c)可以发现,用两种策略攻击网络时,网络流量的变化曲线差距很小,这是因为处在相似排名的机场流量相差不大,如果没有发生机场排序的跳变,流量差异很难体现。此外,"放回"攻击策略的3个指标变化与接近度算法相近,与 K-shell 算法相差较大,这是由于 K-shell 的粗粒化导致精度比较低,攻击没有针对性。

采用4种攻击策略对网络进行攻击后,将网络总性能值变化绘制成曲线,如图2.31所示。

从图2.31中不难发现,在4种攻击策略下,随着删除节点个数的增加,网络的总性能不断减弱。按照本书提出的以综合性能变化为指标的"不放回"策略,网络总性能的下降速度明显比其他3种要快。在"不放回"攻击策略下,当攻击到36个节点时,网络的总性能降低到0.203,相当于在"放回"策略下攻击到40个节点时的效果。这说明"不放回"攻击策略能降低攻击成本并快速地使网络失效。

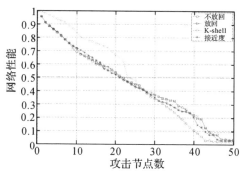

图 2.31　网络总性能变化

3. 美国航空网络

按照算法步骤,比较 D_i 的大小,得到各个策略的攻击序列,见表 2.10。

表 2.10　美国航空网络攻击序列

序列	方法		
	不放回	放回	ACI
1	Anchorage	Anchorage	HartsfieldAtlan
2	DFW	DFW	ChicagoO'hare
3	Seattle-Tacoma	Bethel	DFW
4	Lambert—St Louis	ChicagoO'hare	Stapleton
5	ChicagoO'hare	San Francisco	Los Angeles
6	San Francisco	Pittsburgh	McCarran
7	MSP	Lambert-St Louis	G. Bush
8	Pittsburgh	Honolulu	Charlotte/Douglas
9	HartsfieldAtlan	MSP	P S H
10	Charlotte/Douglas	HartsfieldAtlan	Philadephia
11	Stapleton	Los Angeles	DM
12	Portland	Seattle-Tacoma	MSP
13	Los Angeles	Stapleton	JFK
14	Honolulu	PSH	Newark
15	PSH	Newark	San Francisco
16	Houston	Charlotte/Douglas	Salt lake city

通过对比"放回"与"不放回"策略的攻击序列发现,攻击剔除 Anchorage 节点后,DFW 依然排在第一,这表明无论 Anchorage 参与网络与否,DFW 始终是网络中重要度第 2 的节点。攻击 DFW 后,原来排在第 3 的节点 Bethel 被 Seattle-Tacoma 替换,说明当排在 Bethel

之前的节点被攻击后，网络的性质发生了改变，Seattle-Tacoma 成了新的网络中最重要的节点。Seattle-Tacoma、Lambert-St Louis、MSP、Charlotte/Douglas 这类节点是在攻击网络节点的过程中涌现出来的潜在关键节点。

图 2.32 给出了 4 种攻击策略下美国航空网络 3 个指标随着攻击节点个数增加的变化曲线。

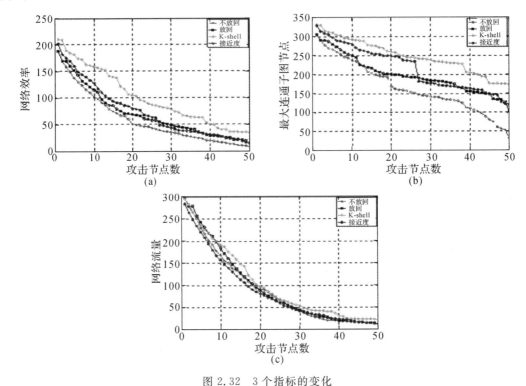

图 2.32　3 个指标的变化

(a)网络效率变化；(b)最大连通子图节点数变化；(c)网络流量变化

图 2.32 反映了美国航空网络 3 个指标的变化。和我国一样，4 种攻击方式下 3 个指标值均下降，对比不放回攻击策略与放回攻击策略，网络效率与最大连通子图节点数变化曲线差距很明显，但网络流量差距很小。当攻击到第 3 个节点时，除了网络流量，"不放回"攻击策略的其它指标值开始明显小于"放回"策略的指标值，证明了"不放回"策略的有效性。此外，3 个指标中，最能体现策略攻击效果差距的是最大联通子图节点数，表明了四种攻击方式对网络结构的破坏性较大。

下面，我们给出了 4 种策略下随着攻击节点数增多，网络综合性能的变化曲线：

从图 2.32 中可以看到，按 K-shell 序列攻击网络，网络综合性能值的下降速率明显比"不放回"和"放回"策略小。按照接近度攻击序列攻击网络时，在攻击第 27 个节点前，攻击效果比"放回"策略差，但此后网络综合性能发生了骤降，使其网络性能曲线与"放回"的曲线相吻合，但仍达不到"不放回"策略的攻击效果。四种攻击策略下，攻击效果从好到差依次是"不放回""放回""接近度""K-shell"策略。

对比中美两个国家航空网络综合性能和 3 个指标的变化，可以发现，采取"不放回"和

"放回"两种攻击策略攻击美国航空网络时的差距大于我国航空网络,表明"不放回"攻击策略对美国航空网络更为有效。

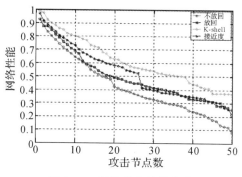

图 2.33　网络综合性能变化

2.5　本 章 小 结

本章首先利用 Java 编程语言,通过抓取实时数据,构建了我国加权航空网络,利用 MATLAB 绘制了我国航空网络图,并基于复杂网络理论分析了航空网络的内在特性。

本章在此基础上提出了一种关键节点识别策略,基于接近中心性、介数中心性、网络连接密度对节点进行综合重要度评估,克服了以往复杂网络研究领域中未考虑航线流量、机场位置等影响节点重要性的航空网络具体因素,分别对我国与美国航空网络进行了关键节点识别。

最后,本章提出"不放回"航空网络攻击策略,并建立了网络综合性能指标,通过用几种不同的攻击策略对我国和美国航空网络实施攻击,分析了两个网络的综合性能变化,发现"不放回"攻击效果最佳。利用攻击节点序列发现了一些潜在重要城市节点;另外,"不放回"攻击策略对美国航空网络的攻击要比对我国航空网络的攻击效果好。

参 考 文 献

[1]　姚红光,朱丽萍.基于仿真分析的中国航空网络鲁棒性研究[J].武汉理工大学学报(交通科学与工程版),2012,36(1):42－46

[2]　孙玺菁,司守奎.复杂网络算法及应用[M].北京:国防工业出版社,2015.

[3]　BARRAT A, BARTHELEMY M, VESPIGNANI A. Weighted evolving networks: couling topology weighted dynamies[J]. Phys Rev Lett, 2004,92(22):228701.

[4]　CORLEY H W, SHA D Y. Most vital links and nodes inweightd networks[J]. Operation Research Letters, 1982(1):157－161.

[5]　DANIELG, ENRIQUE G A. Centrality and Power in social networks: a game

theoretic approach[J]. Mathematical Social Sciences,2003,46(1):27 - 54.

[6]　HE N, LI D Y, GAN W Y, et al. Mining vital nodes in complex networks[J]. Computer Science, 2007, 34(12):1 - 5.

[7]　谭跃进,吴俊,邓宏钟.复杂网络中节点重要度评估的节点收缩方法[J].系统工程理论与实践,2006,26(11):79 - 83.

[8]　谢凤宏,张大为,黄丹.基于加权复杂网络的文本关键词提取[J].系统科学与数学,2010,30(11):1592 - 1596.

[9]　CHEN D B, LYU L, SHANG M S. Identifying influential nodes in complex networks[J]. Physica A, 2012, 391: 1777 - 1787.

[10]　王建伟,荣莉莉,郭天柱.一种基于局部特征的网络节点重要性度量方法[J].大连理工大学学报,2010,50(5):822 - 826

[11]　蒋岳祥.基于 AHP 的投资项目风险管理研究[D].杭州:浙江大学,2015.

[12]　HAO Y Y, ASHOK J, THOMAS H, et al. Deadlock-free generic routing algorithms for 3-dimensional Networks-on-Chip with reduced vertical link density topologies[J]. Journal of Systems Architecture, 2013, 59(7):528 - 542.

[13]　LIU Z H, JIANG C , WANG J Y, et al. The node importance in actual complex networks based on a multi-attribute ranking method [J]. Knowledge-Based Systems, 2015, 84:56 - 66.

[14]　ROCCO L, CARLOS A, BART D K, et al. LS-SVM based spectralclustring and regression for predicting maintenance of industrial machines [J]. Engineering Applications of Artificial Intelligence, 2015,37:268 - 278.

[15]　ZHUA C M, WANG Z , GAO D Q. New design goal of a classifier:Global and local structural risk minimization [J]. Knowledge-based Systems, 2016, 100: 25 - 49.

[16]　CORLEY H W, SHA D Y. Most vital links and nodes inweightd networks[J]. Operation Research Letters, 1982(1):157 - 161.

[17]　陈勇,胡爱群,胡啸.通信网中节点重要性的评价方法[J].通信学报,2004,25(8):129 - 134.

[18]　YAO C L, CUO T D. The coverage holes of the largest component of random geometric graph [J]. Acta Mathematicae Applicatae Sinica(English Series), 2015, 4(31):855 - 862.

[19]　GUI T T. A novel multi-attribute decision making approach for location dicision under high uncertainty [J]. Applied Soft Computing Journal, 2016, 40:674 - 682.

[20]　RAMESHWAR D, PAUL J, MILAN T, et al. Supplier selection in bloodbages manufacturing industry using TOPSIS model [J]. International Journal of Operational Research, 2015, 4(24):461 - 488.

第3章 航路航线网络骨干网构建及改航规划应用

机场网络是从宏观上对我国的航空运输体系进行分析,可以处理通航城市的优化、重要机场的保护和扩容等选择问题,但是它对于具体航路航线的运行、航路航线的保护等问题无法有效解决。这就需要进一步对构建的网络进行细化。本章把我国航路航线上的导航点、机场作为节点,把航路航线的互联关系作为连边,构建我国的航路航线网络,分析其骨干网络以及节点被破坏时的航路航线调整方法。

3.1 航路网络的构建

航路网络是以机场、导航点为节点,以航路航线为连边构建的复杂网络。通过收集中国民航航路航线资料中的相关数据并进行统计整理,构建了面向实际运行的加权航路网络模型。

3.1.1 模型设定

航路网络拓扑模型 $G(V, E, W)$ 是由军航、民航机场,导航点和民航航路航线及军航临时航线所构成的网络。拓扑模型中的节点 v_i 表示具有运输能力的军航、民航机场以及导航点,确定为集合 $V = \{v_1, v_2, \cdots, v_i\}$,其数量为 $|V|$。边 e_j 表示机场与机场之间、机场与导航点之间以及导航点与导航点之间的运输关系,即航路航线。若空域内实际运行的航路航线通过该机场或导航点,则视为节点间存在连边,否则没有连边。集合 $E = \{e_1, e_2, \cdots, e_j\}$ 为边的集合,其数量为 $|E|$。连边上的权重 w_j 设置为以反映航空网络运行态势的航线饱和度、气象条件、航班延误率以及军航活动 4 种指标组合而成的综合权重,确定为集合 $W = \{w_1, w_2, \cdots, w_j\}$。

依据所获取的空中交通数据的特性,为方便后续采用复杂网络分析方法对航空网络模型进行研究,现进行如下说明。

(1)在航空网络实际运行过程中,机场与机场、机场与导航点以及导航点与导航点之间的交通流基本保持稳态,双向运行流量不会出现较大波动,故本模型不考虑航空网络的方向性,最终所构建的华东地区航线网络为无向网络。在边权数据统计中,航路航线平均流量均考虑为双向流量的总和。

（2）不同航路、航线的拓扑特性相同，故构建网络模型时，不考虑运输线特性和运输效率的差异。

（3）在航空器沿某一条航线真实飞行时，该航线上可能存在多个导航点指引其沿此航线方向飞行。在网络拓扑结构中，此类导航点并无拓扑意义，故本书仅考虑航线的起始、终止导航点及其中间连线。

（4）真实的航线网络中存在少数孤立导航点，此类导航点是为航线临时变更所设置的，考虑到航线网络运行稳定，不会发生突然性的变化，故为了保证建立的网络模型具有完整连通性，本书不考虑数据中的孤立导航点。

3.1.2 数据收集

从 2018 年中国民航航路航线资料中筛选出我国华东地区 104 个真实机场和导航点作为目标节点，收集 9、10、11 三个月数据，对航线上的航班流量、延误架次、气象条件以及区域内的军航活动情况进行统计。图 3.1 所示是我国空中交通网络组成说明书。

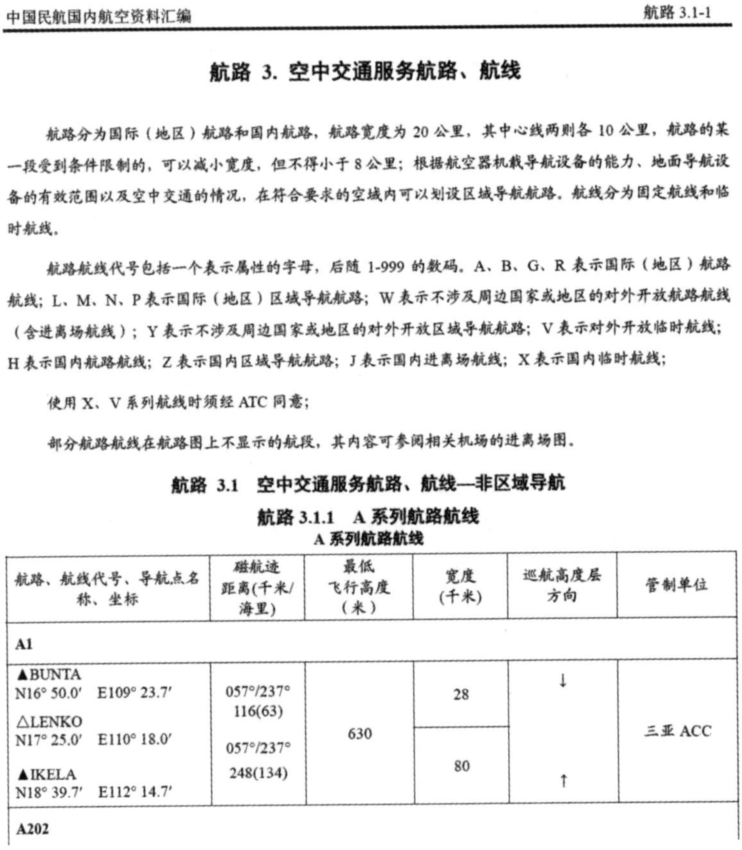

中国民航国内航空资料汇编   航路 3.1-1

航路 3. 空中交通服务航路、航线

航路分为国际（地区）航路和国内航路，航路宽度为 20 公里，其中心线两侧各 10 公里，航路的某一段受到条件限制的，可以减小宽度，但不得小于 8 公里；根据航空器机载导航设备的能力、地面导航设备的有效范围以及空中交通的情况，在符合要求的空域内可以划设区域导航航路，航线分为固定航线和临时航线。

航路航线代号包括一个表示属性的字母，后随 1-999 的数码。A、B、G、R 表示国际（地区）航路航线；L、M、N、P 表示国际（地区）区域导航航路；W 表示不涉及周边国家或地区的对外开放航路航线（含进离场航线）；Y 表示不涉及周边国家或地区的对外开放区域导航航路；V 表示对外开放临时航线；H 表示国内航路航线；Z 表示国内区域导航航线；J 表示国内进离场航线；X 表示国内临时航线；

使用 X、V 系列航线时须经 ATC 同意；

部分航路航线在航路图上不显示的航段，其内容可参阅相关机场的进离场图。

航路 3.1 空中交通服务航路、航线—非区域导航
航路 3.1.1 A 系列航路航线
A 系列航路航线

航路、航线代号、导航点名称、坐标	磁航迹距离（千米/海里）	最低飞行高度（米）	宽度（千米）	巡航高度层方向	管制单位
A1					
▲BUNTA N16° 50.0′　E109° 23.7′	057°/237° 116(63)		28	↓	
△LENKO N17° 25.0′　E110° 18.0′		630			三亚 ACC
▲IKELA N18° 39.7′　E112° 14.7′	057°/237° 248(134)		80	↑	
A202					

图 3.1　我国空中交通网络组成说明书

相关数据主要采取网页爬取的方式获得。基于 Java 平台，运用 HttpClient 类库，爬取

http://www.carnoc.com/ 网站 104 个机场和导航点的运行统计数据,图 3.2 是爬取算法伪代码如下。

```
输入:104个机场和导航点名称列表  时间范围

创建线程池
创建写操作队列
while 每个日期
while 每个起始导航点
    while 每个终止导航点
        创建新线程
            创建 http 客户端
            构造 URL
            使用指定的 URL 创建 Get 请求
            创建响应信息处理器并执行请求
                获取响应信息实体并创建输入流
                读取 json 数据
            从 json 数据中提取航班信息、延误信息、天气状态、军事活动
            统计类别对应数字和文本数据加入操作序列
    endwhile
endwhile
    线程池中的线程同步
    将写操作队列中的数据写出到磁盘
Endwhile

输出:相关数据列表
```

图 3.2　运行数据爬取算法伪代码

将 2018 年 9 月 1 日—2018 年 11 月 29 日为期 90 天的华东地区内机场、导航点和航线上的航班流量、航线容量、延误架次、天气情况以及军航活动情况等信息进行整理,最终获得组成航空网络边权 w_j 的 4 类分指标,见表 3.1。

表 3.1　4 类分指标

指标名称	表示方法
航线饱和度(Route Saturation,AF)	当日航线流量与航线最大容量的比值
航班延误率(Delay Rate,DF)	当日该航线及连接机场、导航点延误航班架次与正常航班架次的比值
气象条件(Weather Condition,WC)	当日航线天气情况
军航活动(Military Flight,MF)	当日影响该航线运行的军航活动时间占正常运行总时间的比值

由于获取到的气象情况是以文本格式表示的，为后续计算方便，将气象条件整理后，分为晴、多云、雨、大雾、雷暴 5 类，并依据此顺序采用数字 1～5 进行编码。最终的数据列表见表 3.2。

表 3.2　4 类指标指数

航段编号	航线饱和度	航班延误率	气象条件	军航活动
1	0.656	0.128	5	0.257
2	0.559	0.23	3	0.257
3	0.793	0.25	4	0
4	0.652	0.05	5	0
5	0.747	0.25	5	0
6	0.682	0.109	2	0
7	0.727	0.138	5	0.218
8	0.716	0.149	5	0.165
9	0.689	0.160	5	0.189
10	0.814	0.171	2	0.189
11	0.754	0.181	5	0.228
12	0.797	0.121	1	0.228
13	0.801	0.203	5	0.228
14	0.793	0.162	5	0
15	0.820	0.225	2	0
16	0.818	0.149	5	0.178
17	0.621	0.131	5	0.178
18	0.789	0.088	4	0
19	0.656	0.159	5	0.178
20	0.792	0.164	2	0.182
21	0.775	0.128	5	0
22	0.805	0.084	5	0.231
23	0.745	0.135	4	0.231
24	0.687	0.115	5	0.231
25	0.809	0.098	1	0
26	0.834	0.132	3	0
27	0.689	0.079	5	0.206
28	0.792	0.114	5	0
29	0.813	0.140	5	0.272
30	0.802	0.083	2	0.158

航段编号	航线饱和度	航班延误率	气象条件	军航活动
31	0.810	0.089	5	0.272
32	0.677	0.095	5	0.272
33	0.802	0.082	2	0
34	0.682	0.142	5	0.182
35	0.767	0.113	1	0

3.1.3　权重的确定

构建华东地区加权航空网络模型,需要确定网络的节点关系和连边权值。在数据收集阶段,本书已经根据中国民航航路航线资料,整理出了华东地区航空网络中涉及的机场节点与导航点节点之间的连接关系。故本节首先讨论航空网络中所有连边权值 w_j 的设置。在此基础上,构造出华东地区航空网络的加权邻接矩阵。

航空网络边权 w_j 需要反映航线在日常运行中的综合表现。航空网络边权 w_j 越大,说明该条边所在航线的运行态势越复杂。通过为航线饱和度、延误架次、气象条件和军航活动 4 类指标设置相应权重,能够综合各项指标优势,构造出更加完善、科学的华东地区航空网络边权指标。本书选择使用层次分析法设置指标权重,该方法综合了主观判断与客观评价两种方式,能够系统分析每个指标的重要度差异,科学置权,整体处理过程简捷高效,适用范围广。

根据 4 类指标反映的航空网络运行状态程度进行排序。其中,航线饱和度 AF 是反映航线运输能力的核心指标,该指标的变化即可说明航线的运行状态发生变化。延误架次 DF 是对航线饱和度 AF 的补充说明。延误航班本应该属于实际飞行架次,但因某种原因被迫取消。该指标能够反映航线运行稳定性变化。气象条件 WC 和军航活动 MF 均为影响航线内航班正常飞行的重要因素,但二者的出现概率和影响范围有限。这两个指标均能够间接反映航线的运行状况。根据民航局近年来统计的航班不正常飞行原因,气象条件比例最大,故本书认为气象条件相比军航活动对航空网络运行的影响程度更高。

基于以上分析,本书认为这 4 类指标的重要度排序为:AF＞DF＞WC＞MF。

采用 1－9 标度法,见表 3.3。

表 3.3　标度及其说明

标度	定义及说明
1	指标 i 与指标 j 同等重要
3	指标 i 比指标 j 稍重要
5	指标 i 比指标 j 重要
7	指标 i 比指标 j 明显重要
9	指标 i 比指标 j 重要的多
$1/A_{ij}$	指标 i 与 j 的重要度之比互为倒数

各指标比较结果见表 3.4。

表 3.4 各指标比较结果

CV	AF	DF	MF	WC
AF	1	3	5	7
DF	1/3	1	3	5
MF	1/5	1/3	1	3
WC	1/7	1/5	1/3	1

得到判断矩阵 $\boldsymbol{A}$：

$$\boldsymbol{A} = \begin{bmatrix} 1 & 3 & 5 & 7 \\ 1/3 & 1 & 3 & 5 \\ 1/5 & 1/3 & 1 & 3 \\ 1/7 & 1/5 & 1/3 & 1 \end{bmatrix}$$

计算判断矩阵 $\boldsymbol{A}$ 最大特征根 $\lambda_{\max}$ 对应的特征向量 $\boldsymbol{\omega}$，并进行归一化处理，得到权重向量 $\boldsymbol{W}$：

$$w_i = \frac{\sqrt[n]{\prod_{j=1}^{n} a_{ij}}}{\sum_{i=1}^{n} \sqrt[n]{\prod_{j=1}^{n} a_{ij}}} \tag{3.1}$$

式中：a_{ij} 是矩阵 $\boldsymbol{A}$ 中的元素；$\boldsymbol{w} = \begin{bmatrix} w_1 & w_2 & \cdots & w_n \end{bmatrix}^{\mathrm{T}}$ 是矩阵 $\boldsymbol{A}$ 最大特征值对应的特征向量。

根据式(3.1)，计算权重向量：

$$\boldsymbol{W} = \begin{bmatrix} w_1 & w_2 & w_3 & w_4 \end{bmatrix} = \begin{bmatrix} 0.565\,0 & 0.262\,2 & 0.117\,5 & 0.055\,3 \end{bmatrix} \tag{3.2}$$

接下来进行一致性检验，计算最大特征值 $\lambda_{\max}$：

$$\lambda_{\max} = \frac{1}{n} \sum_{i=1}^{n} \frac{\sum_{j=1}^{n} a_{ij} w_j}{w_i} = 4.116\,9 \tag{3.3}$$

一致性指标 CI 为

$$\mathrm{CI} = \frac{\lambda_{\max} - n}{n-1} = 0.038\,9 \tag{3.4}$$

一致性比重 CR 为

$$\mathrm{CR} = \frac{(\lambda_{\max} - n)/(n-1)}{\mathrm{RI}} = 0.043\,8 \tag{3.5}$$

式中：RI 为随机一致性指标，当 $n = 4$ 时，RI 取 0.9。

因此判断矩阵满足一致性检验，各指标的权重为：$w_{\mathrm{AF}} = 0.565\,0$，$w_{\mathrm{DF}} = 0.262\,2$，$w_{\mathrm{WC}} = 0.117\,5$，$w_{\mathrm{MF}} = 0.055\,3$。

由于各数据数量级的差异，采用最大-最小法对各指标进行归一化处理。对航线饱和度 AF 进行处理，见下式，其余 3 个指标按照同样的方式处理：

$$AF_j = \frac{AF_j - \min AF(e)}{\max AF(e) - \min AF(e)} \tag{3.6}$$

综上所述,4 个指标的加权和即为航空网络综合边权 w_j:

$$w_j = 0.565\,0 \times AF_j + 0.262\,2 \times DF_j + 0.117\,5 \times MF_j + 0.055\,3 \times WC_j \tag{3.7}$$

$$\boldsymbol{W} = \begin{bmatrix} w_1 & w_2 & \cdots & w_j & \cdots & w_m \end{bmatrix} \tag{3.8}$$

式中:m 为连边个数;$\boldsymbol{W}$ 为航空网络中所有连边综合权重的集合。

由 4 个指标的定义可知,航空网络边权 w_j 越大,该条边的运行态势越复杂,运行风险程度越高。

根据机场与导航点节点之间的连接关系。可以构建未加权的华东地区航空网络邻接矩阵。华东地区航空网络共包含 104 个节点和 195 条边。

利用 MATLAB 软件,根据式(3.7)计算网络中所有连边的综合权重 w_j,得到华东地区航空网络加权邻接矩阵。

在华东地区航空网络加权邻接矩阵基础上,运用复杂网络分析工具 Gephi 的 GeoLayout 工具包,输入每一个节点的地理坐标,对华东地区航空网络进行绘图,如图 3.3 所示。

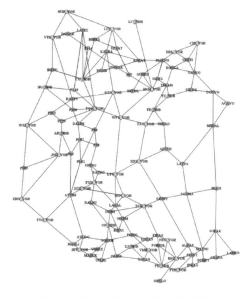

图 3.3　华东地区航空网络示意图

3.2　基于最小连通支配集的航路网络核心骨干网构建

在航路网络中,不同的节点与连边在网络中的地位和作用存在差异。若对网络中的各个要素均进行分析研究,不仅会极大地增加数据收集工作的难度,而且会受到众多重要度不高的低级要素的干扰,影响对网络核心要素的把握。故本章考虑采用复杂网络中的关键节点与连边识别方法,寻找航空网络中的关键机场、导航点以及关键的航路航线。

在第 3.1 节中,建立了华东地区加权航空网络模型。在该模型基础上,本节研究如何快速且准确地找到航空网络中的关键机场、导航点以及关键航路、航线,进而构建出华东地区航空网络的核心骨干网络。

3.2.1 引言

近年来,已经出现了许多经典的复杂网络关键节点与连边识别方法。对于关键节点识别,常用的方法主要包括节点度排序法、节点介数中心性和接近中心性排序法、PageRank法、k-shell 壳分解法等;对关键连边的识别,主要有连边删除评估法、边介数排序法、最短路径排序法等较为经典的方法。上述方法从不同角度衡量网络中节点与连边的重要程度,但这些方法也存在以下问题:①仅能识别出关键节点或者连边,无法对复杂网络中的关键节点与关键连边同时进行识别;②由于各评估方法仅考虑从节点或连边的单一属性信息角度进行评估,对具备多种属性信息的节点或连边无法有效识别;③忽略了网络节点与连边之间的影响关系,在现实网络中往往重要节点与重要连边之间存在关联关系。

最小连通支配集是指一个复杂网络的核心支配骨干网,原网络中其他节点均与连通支配集中一个或多个节点直接相连,同时连通支配集本身具有良好的连通性。连通支配集中不仅囊括了原网络中处于核心支配位置的节点,同时也包括核心节点间的重要连边,并且通过"支配性"与"连通性"将网络中的节点与连边有机整合在一起,最终构建出骨干网络。该骨干网络体现着对整体网络全部节点与连边的支配与控制能力,其中的节点与连边往往也是网络的重要节点与连边。此特点与突出连续性和枢纽性的航空网络结构特点相匹配。因此,为解决航空网络关键节点与连边识别问题,考虑引入复杂网络连通支配集的概念,将网络中核心节点提取出来,并对这些节点之间的重要连边进行筛选构造核心骨干网络,在保持原网络整体结构性能基本不变的前提下,实现对大型航空网络的精炼。

3.2.2 最小连通支配集理论

作为复杂网络关键节点与关键连边识别的基础,最小连通支配集(Minimum Connected Dominating Set,MCDS)概念的提出经过了从网络支配集、连通支配集到最小连通支配集的过渡发展。在无向图 $G(V,E)$ 中,V 表示图 G 中所有节点,E 表示图 G 中所有节点间的连边。

定义 1 支配集

支配集是指在无向图 $G(V,E)$ 中,$S \subseteq V$,$S \neq \varnothing$,若对于 $\forall x \in V - S$,x 都与 S 中至少一个节点直接相连,则称 S 是图 G 的支配集,如图 3.4(a)所示。若 S 的任何一个真子集都不是 G 的支配集,此时,支配点集 S 为图 G 的极小支配集。设 S 为图 G 的支配集,若不存在其他任何支配集 S',使得 $|S'| < |S|$,则称 S 是图 G 的最小支配集,$|S|$ 为最小支配点数,如图 3.4(b)所示。

定义 2　连通支配集

连通支配集的概念源自最小支配集,在无向图 $G(V,E)$ 最小支配集 S 的基础上,为保证该最小支配集 S 中所有节点的连通性,若寻找到的最小支配集无法构成连通图,则通过从节点集 $V-S$ 中引入尽可能少的连接点 $v' \in (V-S)$ 至最小支配集中,使之构成具有完整连通性且节点个数最小的集合 C,即为 MCDS,如图 3.4(d)所示。如图 3.4(c)所示,图 G 的一个连通支配集为 $\{v_3,\ v_4,\ v_7,\ v_8,\ v_{11}\}$,并不是 MCDS,原因在于此连通支配集是由支配集 $\{v_3,\ v_4,\ v_8,\ v_{11}\}$ 演化而来的,但该支配集并不是最小支配集。通过在最小支配集 $\{v_3,\ v_5,\ v_6\}$ 中引入节点 v_4,最终得到无向图 $G(V,E)$ 的 MCDS $\{v_3,\ v_4,\ v_5,\ v_6\}$。

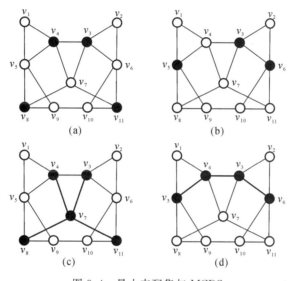

图 3.4　最小支配集与 MCDS

(a)支配集;(b)最小支配集;(c)连通支配集;(d)最小连通支配集

由图 3.4 可以发现,网络的支配集和连通支配集并不唯一。它们包含不同数量的节点和节点类型。本书的目的是同时找出网络中的关键节点和关键边,并尽可能多地排除非关键节点和连边,所以 MCDS 是我们需要的。图 G 的连通支配集和 MCDS 具有不同的节点结构。MCDS 包含网络中相关性最好的 4 个节点,并将其用边所连接。这 4 个节点的度数和介度值在所有节点排序中均靠前。图 G 的连通支配集包含 3 个同样位于 MCDS 中的节点,但是另外两个节点就不那么重要了。

连通支配集与支配集之间最大的区别在于节点之间的连通性。这决定了连通支配集在反映网络节点连边关系方面具有更大的优势和应用价值。MCDS 可以构建出原网络的子网。该子网只需一步扩展即可实现对网络中所有节点和边的关联。这反映出子网中的节点与边具有良好的相关性和集成能力,通常称这种能力为节点或边的支配和控制能力。由这些节点和边组成的网络能够以最低的成本保证整个网络的结构稳定和正常运行,它可以简化原有的网络。因此,通常称此子网为原始网络的核心骨干网。

3.2.3 基于免疫粒子群算法优化的最小连通支配集求解算法

网络的连通支配集并不唯一,规模大小也不尽相同。因此需要寻找到最为精炼与核心的连通支配集才能作为复杂网络关键节点与连边的识别依据。最小连通支配集是连通支配集问题研究的核心。它的求解属于 NP-hard 问题。根据目标网络的规模,通常选择采用精确算法或近似算法求解。其中,精确算法包括 PA 算法、分支搜索算法等,但是这些算法都存在求解速度慢、计算复杂度高等问题,难以应用于大型网络,并且许多 NP-hard 问题没有或很难获得精确解。所以,针对最小连通支配集问题通常还是采用启发式算法来求其近似解,例如:有学者提出了 RSN-TS 算法,包括基于蚁群算法的 ACO-MCDS 算法,但是这些算法的优化目标往往包含了节点分类与节点重组,这就使得在寻优过程中,计算量依然比较大。为更好地解决以上问题,本书从 MCDS 的定义出发,通过并集约束和子图的连通分支约束,构造优化目标,并采用二进制粒子群算法进行求解。在算法求解过程中,引入免疫机制,将现有节点重要度评估方法识别出的关键节点作为免疫抗原注入初始种群,通过融合不同角度节点重要度评估方法的优势,指导粒子搜索方向,经过上述模型简化和求解算法上的改进,提高 MCDS 的求解效率和求解质量。

1. 二进制粒子群算法

MCDS 的求解问题是从 N 个节点中找出一个子集,使得该子集满足连通支配要求。由此可将问题的解空间转化为 N 维向量的选择,采用 0-1 编码,向量 x_i 对应于网络中节点 v_i,$x_i = 1$ 表示该节点 i 被选中,$x_i = 0$ 表示该节点未被选中。故选择二进制粒子群算法对该问题求解。

二进制粒子群算法是在基本粒子群算法基础上,仅将 0 和 1 规定为粒子在状态空间中能够选取和变化的数值,由于涉及转码过程,需引入转换函数 Sigmoid。其中,速度的每一维 $v_{i,j}$ 代表位置每一位 $x_{i,j}$ 取 1 的可能性。因此,在连续粒子群中的 $v_{i,j}$ 更新公式保持不变,但是个体极值 p_{best} 与全局最优解 g_{best} 仅由 0 与 1 组成。其位置更新公式为

$$s(v_{i,j}) = 1/[1 + \exp(-v_{i,j})] \tag{3.9}$$

$$x_{i,j} = \begin{cases} 1, & r < s(v_{i,j}) \\ 0, & \text{其他} \end{cases} \tag{3.10}$$

式中:r 是 $U(0,1)$ 分布中产生的随机数。

速度更新公式为

$$v_{i,j} = \omega \cdot v_{i,j} + c_1 \cdot \text{rand}() \cdot (p_{i,j} - x_{i,j}) + c_2 \cdot \text{rand}() \cdot (p_{g,j} - x_{g,j}) \tag{3.11}$$

式中:$p_{i,j}$ 表示个体最优位置;$x_{i,j}$ 表示个体当前位置;$p_{g,j}$ 表示全局最优位置,$x_{g,j}$ 表示群体当前位置。结合式(3.1)可以得到位置变化概率 P 的方程:

$$P(\Delta) = s(v_{i,j}) \cdot [1 - s(v_{i,j})] \tag{3.12}$$

$$P(\Delta) = s(v_{i,j}) - s(v_{i,j})^2 \tag{3.13}$$

式中:$s(v_{i,j})$ 表示粒子位置变化为 0 的概率,$1 - s(v_{i,j})$ 表示粒子位置变化为 1 的概率。

最终搜索得到 g_{best} 为包含给定图所有节点的 0-1 型 N 维行向量,即为 MCDS。该算

法具有复杂度低、速度快等优势。

根据连通支配集定义可知,连通支配集须满足两个约束条件:①连通支配集是支配集;②连通支配集保持连通性。设给定无向图 $G(V,E)$ 的邻接矩阵为 $\boldsymbol{\Lambda}$,则该无向图连通支配集 Z 的邻接矩阵 $\boldsymbol{B}$ 需满足以下条件。

(1)"支配"约束。

对邻接矩阵 $\boldsymbol{B}$ 中所有行进行求并集运算:

$$\boldsymbol{Q} = \boldsymbol{B}_1 \bigcup \boldsymbol{B}_2 \bigcup \cdots \bigcup \boldsymbol{B}_n \tag{3.14}$$

可以得到 $\boldsymbol{Q}$ 为 $1 \times n$ 维 0-1 型行向量,根据支配集定义可知,除支配集 S 中元素 x_i 所在位置对应数值可为 0 外,其余位置均应为 1。

(2)"连通"约束。

为了判断支配集 S 的整体连通性,引入连通分支概念。

定义 3　连通分支

在无向图中,对应于节点连通关系,存在着图 $G(V,E)$ 的节点集 $\{V_1, V_2, V_3 \cdots, V_N\}$,使得图 $G(V,E)$ 中任意两个节点 $\boldsymbol{V}_i$ 和 $\boldsymbol{V}_j$ 连通当且仅当 v_i 和 v_j 属于同一个分块 V_P $(1 \leqslant P \leqslant N)$。子图 $G(V_i)$ 中任意两个节点都是连通的,并且子图 $G(V_i)$ 中的节点和 $G(V_j)$ $(1 \leqslant i \neq j \leqslant N)$ 中的节点绝不会连通,则子图 $G(V_i)$ 称为图 $G(V,E)$ 的连通分支。

定理　无向拓扑图 $G(V,E)$ 是连通图的充要条件为其连通分支数 $\omega(G)=1$。

证明　充分性:若 $\omega(G)=1$,即图 $G(V,E)$ 中有且仅有一个连通分支 $G(V_1)$,又因各连通分支 $G(V_i)$ 之间互不连通,则图 $G(V,E)$ 的唯一连通分支 $G(V_1)$ 仅为其本身。

必要性:若图 $G(V,E)$ 为连通图,则其有且仅有一个连通分支为其本身,即 $\omega(G)=1$。若存在多个连通分支 $G(V_i) \cdots G(V_j)$,则图 $G(V,E)$ 一定不连通,与条件矛盾,证毕。

根据上述定理,可以得出当且仅当支配集 S 的连通分支数 $\omega(G)=1$ 时,S 是连通的。本书中连通分支数的求解采用之前研究者提出的搜索算法。

根据 MCDS 的定义,需要找出尽可能少的节点作为图 $G(V,E)$ 的连通支配集。结合上面提出的约束条件,最终的优化目标为

$$f(x) = \min \sum_1^n x_i \tag{3.15}$$

$$x_i = \begin{cases} 1, v_i \text{ 作为连通支配点} \\ 0, v_i \text{ 不作为连通支配点} \end{cases} \tag{3.16}$$

约束条件为

$$\left. \begin{array}{l} \boldsymbol{Q}_{(x_i=0)} \subseteq Z_i \\ \omega[G(Z_i)] = 1 \end{array} \right\} \tag{3.17}$$

式中:Z_i 表示给定图 $G(V,E)$ 的连通支配节点集合;$\boldsymbol{Q}_{(x_i=0)}$ 表示行向量 $\boldsymbol{Q}$ 中元素为 0 的节点集合。式(3.17)分别描述了本节提出的连通支配集"支配"与"连通"两个约束条件。

2. 免疫机制

随着复杂网络规模的扩大,目标解的空间也会越来越大,这会导致算法收敛速度减慢,所以为了提高算法的运行效率,增强对于结构复杂、规模较大网络的处理能力,引入免疫机

制。在免疫机制生效过程中,机体针对不同抗原分别生成匹配抗体,抗体自动识别匹配抗原发挥免疫作用,同时,若再遭遇此类抗原入侵,机体将快速进行免疫应答。这里模拟免疫过程,在初始种群中注入抗原,从而在搜索种群中产生抗体,帮助粒子群向符合最小连通支配集要求的节点位置靠近,缩小种群的搜索空间,提高算法收敛速度。免疫机理作用过程如图3.5所示。

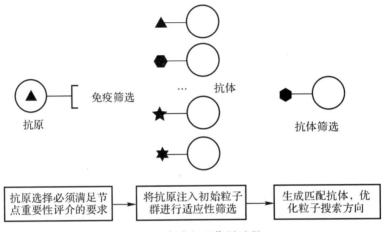

图 3.5　免疫机理作用过程

在免疫作用过程中,抗原的选择直接影响算法求解速度,注入的抗原与目标解越相似,算法收敛越快。在复杂网络中,认为支配节点也包括多种节点评估方法识别出的各类关键节点。所以,在设计抗原时,考虑将多种节点重要度评估方法识别出的关键节点选入抗原中,既可以加快算法搜索速度,还能够提高搜索到的支配节点质量。常用的关键节点识别方法包括节点度数、K-shell、介数中心性、PageRank、接近中心性等。选择关键节点的目的是设计抗原,提高粒子群算法的搜索效率,同时优化搜索结果质量,因此选择的过程计算量必须小。此外。还需考虑航空网络自身特点,由第 2 章对华东地区航空网络结构分析结果可以发现,该航空网络中的许多重要枢纽机场和导航点,均处于空中交通要道,连接着众多航路航线,所以节点周围连边密集,节点度值明显较高。同时重要枢纽节点的 K-shell 值排名也均为前列。此类节点往往为大型机场,周围环绕众多连接导航点,其通常处于网络中心,而 K-shell 指标恰好能够反映节点中心特性。相比介数、PageRank 值、接近中心性等计算复杂度高的评价指标,节点度和 K-shell 更适用于在航空网络中初选关键节点。

（1）节点度数。

一个节点度数 d_i 是指与该节点相连的边的数目之和,即

$$\left.\begin{aligned} d_i &= \sum_{j \in E} \delta_{i,j} \\ \delta_{i,j} &= \begin{cases} 1 & ,i \text{ 与 } j \text{ 之间有边直接相连} \\ 0 & ,i \text{ 与 } j \text{ 之间无边直接相连} \end{cases} \end{aligned}\right\} \tag{3.18}$$

节点度数越大,可以认为该节点在网络中越重要。

（2）K-shell 值。

如图 3.6 所示,K-shell 法是经典的节点排序方法。通常采用度值作为网络节点分层标准。随着节点的逐层分离,节点重要度逐渐增加。

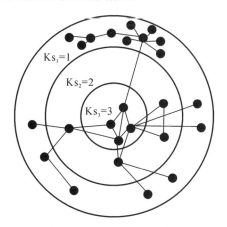

图 3.6　K-shell 方法示意图

根据以上两个指标通过专家赋权法得到节点综合重要度评价指标 P_i,为了消除指标 d_i 与 Ks_i 之间的数量级差异,采用最大-最小归一化法处理(d_i 指标处理如下,Ks_i 同理):

$$d_i = \frac{d(v_i) - \min d(v)}{\max d(v) - \min d(v)} \tag{3.19}$$

节点度与 K-shell 均为复杂网络节点重要度评价中最常用的指标,在航空网络关键节点筛选中表现较好,能够快速粗选出重要机场与导航点。但考虑节点度方法计算复杂度更低,且评价效果较好,更贴合航空网络的特点规律。所以,对节点度指标 d_i 与 K-shell 指标 Ks_i 采取专家赋权得到节点综合重要度 P_i 为

$$P_i = d_i \times k_1 + Ks_i \times k_2 \tag{3.20}$$

式中:$k_1 = 0.7, k_2 = 0.3$。

依据此综合评价指标识别网络关键节点,并将其作为免疫抗原注入初始粒子种群。

3. 算法步骤

免疫粒子群(Immune Particle Swarm Optimization,IPSO)优化算法求解流程如图 3.7 所示。

1)输入无向图 $G(V,E)$ 的邻接矩阵。

2)设定初始化参数,包括粒子个数 N,粒子维度 D,最大迭代次数 T,学习因子 c_1、c_2,惯性权重 ω 等。

3)根据节点综合重要度 P_i 排序结果,筛选前 30% 节点,随机组合后生成免疫抗原并注入初始粒子种群。

4)初始化速度 v 和二进制编码的种群粒子位置 x 即为对应节点编号,设置惯性权重 ω,根据式(3.7)计算适应度值,获得粒子个体最优值 p_{best},以及粒子群全局最优值 g_{best}。

5)利用式(3.1)更新速度 v,同时利用式(3.3)更新位置 x,计算适应度值,判断是否替

换粒子最优值 p_{best} 以及粒子群全局最优值 g_{best}。

6)判断是否满足终止条件,若满足,则结束搜索,输出最优值,即找到优化后的最小连通支配集;若不满足,则继续迭代优化。

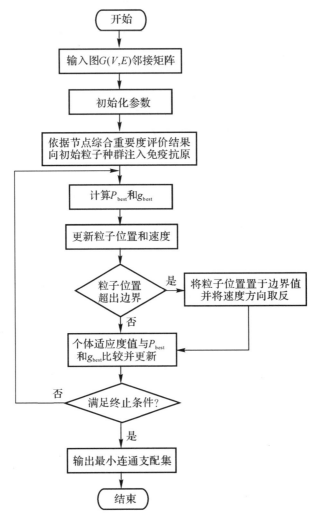

图 3.7　免疫粒子群优化算法求解流程

3.2.4　仿真验证

首先,在随机网络中对 MCDS 方法的有效性进行验证,并与其他识别方法进行对比。其次,在华东地区航空网络中进行实验,并分析实验结果。最后,对算法性能进行相应测试分析。

1. 随机网络

(1)实验一。随机无向网络图 $G_1(V_1,E_1)$,节点数为 15,如图 3.8 所示,其中根据式(3.12)计算出图 $G_1(V_1,E_1)$ 中所有节点的综合评价结果 P_i 值,见表 3.5。

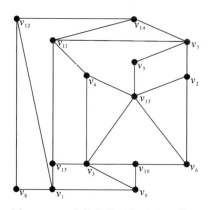

图 3.8　15 个节点的随机无向网络图

表 3.5　图 G_1 节点综合评价结果 P_i

节　点	1	2	3	4	5
P_i	2.90	2.28	3.87	2.27	1.10
节　点	6	7	8	9	10
P_i	2.31	2.97	1.10	2.19	2.28
节　点	11	12	13	14	15
P_i	3.02	2.04	3.90	2.12	2.18

本次实验选取综合评价指标结果 P_i 值排名前 30% 的节点(3、13、11、1 号节点)作为免疫抗原注入粒子种群。其中,将 3 和 13 号节点作为固定抗原加入每代粒子种群,1 和 11 号节点作为随机抗原不固定加入多代粒子种群。根据该网络特点在式(3.12)中设置 $k_1=0.7$、$k_2=0.3$。设置种群规模 $N=15$,为防止算法陷入局部最优,选取学习因子 $c_1=2$、$c_2=4$,惯性权重初值 $\omega=0.5$,最大迭代次数 $T=50$。为保证求解结果的准确性,本次实验共重复进行 15 次,其中 15 次的搜索结果均为:最小连通支配集节点个数为 5 个,包含 1、3、11、13、15 号节点,IPSO 算法搜索结果如图 3.9 所示。MCDS 的个数与网络结构有直接关联,通常MCDS 个数并不唯一,见实验二中的网络。

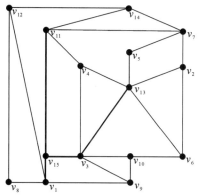

图 3.9　IPSO 算法搜索结果

(2)实验二。进一步验证规模较大的网络。随机生成无向网络图 $G_2(V_2, E_2)$，设定 $V_2=50$，如图 3.10 所示。设置初始参数：种群规模 $N=50$，学习因子 $c_1=2$、$c_2=4$，惯性权重初值 $\omega=0.5$，最大迭代次数 $T=450$。同样选取综合评价指标值 P_i 排名前 30% 的节点作为免疫抗原注入粒子种群。本实验共进行了 50 次，其中 1 次是未注入免疫抗原的对照组。本书展示了 5 次正常实验的结果和 1 次对照组，见表 3.6。

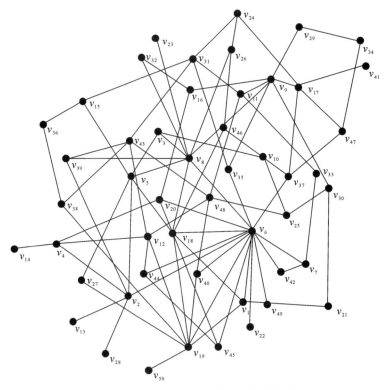

图 3.10　50 个节点的随机无向网络图

表 3.6　实验二结果统计

序号	MCDS
1	{2,4,5,6,8,9,10,11,17,19,29,30,37,38}
2	{2,4,6,8,9,11,17,19,26,30,31,38,46,47}
3	{2,4,6,8,9,11,17,18,19,30,36,37,38,47}
4	{2,3,4,6,8,9,11,15,17,18,19,29,30,31}
5	{2,3,4,5,6,7,8,9,12,15,17,18,19,30,47}
未注入抗原	{2,4,5,6,7,8,9,12,15,17,18,19,30,44,46,47,50}

通过验证，表 3.6 中 6 次实验结果均为连通支配集。可以看到，虽然实验 1～4 搜索到的 MCDS 节点数均为 14 个，但包含节点存在差异，说明求解得到的图 $G_2(V_2, E_2)$ 的 MCDS 并不唯一。在 50 次实验中，求解出的 MCDS 结果为 14 个节点的次数为 46 次，结果为 15

个节点的次数为 3 次,还有 1 次为 16 个节点。出现 4 次实验结果大于 14 个节点的情况,可以证明 IPSO 作为一种近似算法,仍然存在一些误差,但通过多次实验,该误差可以被接受。通过实验二可以看出,IPSO 算法在处理规模较大的网络时,也能够表现出较好的求解效果。为了形象地展示寻找到的 MCDS,选取 1 号搜索结果:MCDS 节点数为 14,节点序号分别为 2、4、5、6、8、9、10、11、17、19、29、30、37、38,如图 3.11 所示。其他实验结果均可以相同方式表示。经以上两个实验,可以证明 IPSO 算法具备求解 MCDS 问题的能力,同时求解精度也能够得到保证。

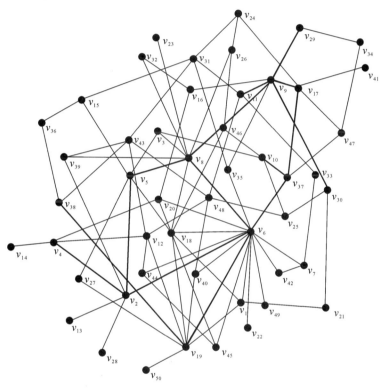

图 3.11　免疫粒子群算法搜索结果

进一步验证 IPSO 算法对于网络关键节点与连边的识别效果,现以图 $G_2(V_2, E_2)$ 为研究对象,分别从关键节点与关键连边识别两方面与传统识别方法进行对比分析。

(1)关键节点识别。针对图 $G_2(V_2, E_2)$,选取传统的节点重要度评价指标度中心性、接近中心性、介数中心性与 PageRank,对网络全部节点进行重要度评估并排序,选择重要度排名前 10 的节点,识别为关键节点。排序结果见表 3.7。

从表 3.8 中 4 个指标的排序结果可以发现,2、5、6、8、9、11、17、18、19、20、30、37 号节点出现次数均在 2 次或以上,说明该 12 个节点在不同评价体系下均具有较高的重要度值,可以识别为关键节点。此外,由于各个指标的评价侧重点有所区别,致使个别节点只出现在某一项指标的排名前 10 位之中,例如:35 号节点在接近中心性中排名第 6,可以说明该节点距离网络中心程度较高;31 号节点在介数中心性中排名第 10,可以说明该节点在网络路径中被通过次数较多等。不同的指标排序,可以从不同层面显示出节点的重要程度,基于此,与

表 3.7 找到的节点编号进行对比,得到表 3.8。

从表 3.8 的对比结果可以明显看出,在运用本书方法实验所得 3 次实验结果中,寻找到核心支配节点中包含的综合多种评价指标得到的 11 个关键节点的比例均达到 70% 以上,说明基于 MCDS 的关键节点识别方法能够有效对复杂网络中的关键节点进行识别。

表 3.7　节点重要度排序

序　号	度中心性	接近中心性	介数中心性	PageRank
1	6(0.3265)	6(0.5213)	6(0.3722)	6(0.4814)
2	8(0.2041)	8(0.4623)	8(0.1904)	18(0.3760)
3	18(0.1837)	18(0.4495)	9(0.1473)	8(0.3206)
4	19(0.1633)	19(0.4188)	19(0.1137)	19(0.2547)
5	9(0.1429)	9(0.4083)	2(0.1135)	44(0.2473)
6	2(0.1224)	11(0.4083)	37(0.0956)	20(0.2352)
7	5(0.1224)	2(0.4016)	18(0.0853)	11(0.1922)
8	48(0.1224)	37(0.4016)	5(0.0721)	45(0.1847)
9	20(0.1224)	5(0.3984)	17(0.0677)	5(0.1755)
10	17(0.1224)	30(0.3920)	30(0.0526)	12(0.1658)

表 3.8　关键节点对比

MCDS(前三组实验结果)	与 12 个关键节点重合
{2,4,5,6,8,9,10,11,17,19,29,30,37,38}	{2,5,6,8,9,11,17,19,30,37}
{2,4,6,8,9,11,17,19,26,30,31,38,46,47}	{2,6,8,9,11,17,19,30,31}
{2,4,6,8,9,11,17,18,19,30,36,37,38,47}	{2,6,8,9,11,17,18,19,30,37}

此外,可以发现虽然 MCDS 中存在少部分节点并不在 4 个节点重要度排序前 10 之列,但是其对连通支配集的构造发挥着关键作用。主要原因在于原网络中存在边际节点,这些节点位于网络中靠近外围边缘的区域,节点度非常低,MCDS 若要以骨干网的形式实现对网络的整体控制性与可支配性,就必须实现对网络每一个边际节点的控制,通过图 3.11 中的 4、29、30、38 号这些节点才使得 MCDS 能够实现对网络每一个位置的支配。

(2)关键连边识别。在关键连边识别中,选取边介数评价法与连边删除法对图 G_2 (V_2, E_2) 中的连边进行重要度评价,并选取指标排名前 10 的连边作为关键连边。边介数是复杂网络中评价连边重要度的一项重要指标,边介数越大表明该边的连通属性越好,关联网络子结构的能力越强,在网络结构组成中的重要程度越高。

此外,还选取基于最大连通子图数、平均最短距离的连边删除法对网络连边进行评估,通过依次删除每条边之后的网络性能变化情况确定其重要度,取排名前 10 的连边序号,见表 3.9。

表 3.9　连边重要度排序

连边排序	边介数	连边删除法
1	$e_{6,37}(0.054\ 5)$	$e_{6,8}(0.049\ 3)$
2	$e_{2,6}(0.043\ 4)$	$e_{2,6}(0.042\ 2)$
3	$e_{6,8}(0.039\ 2)$	$e_{6,19}(0.041\ 4)$
4	$e_{8,9}(0.038\ 1)$	$e_{8,18}(0.039\ 1)$
5	$e_{6,19}(0.035\ 3)$	$e_{5,8}(0.037\ 4)$
6	$e_{6,7}(0.028\ 4)$	$e_{8,9}(0.032\ 0)$
7	$e_{9,29}(0.027\ 0)$	$e_{18,19}(0.030\ 1)$
8	$e_{19,38}(0.025\ 2)$	$e_{9,30}(0.028\ 6)$
9	$e_{37,47}(0.022\ 4)$	$e_{3,8}(0.026\ 1)$
10	$e_{9,11}(0.022\ 0)$	$e_{2,4}(0.023\ 1)$

　　从表 3.9 可以看出，$e_{6,8}$、$e_{2,6}$、$e_{6,19}$、$e_{8,9}$ 4 条连边在两种连边重要度评估方法均被识别为关键连边，所以将其确定为网络综合关键连边。由于两种评估方法选用的评估指标和评估方式不同，第一种方法主要从连边本身属性进行分析，第二种方法主要从网络整体结构和性能变化角度进行分析，致使两种方法对连边重要度的排序存在差异。差异连边的存在不但不否定其重要程度，而且均可以作为关键连边进行识别。

　　将表 3.9 所识别的关键连边与本书方法所识别的关键连边进行对照，见表 3.10。

表 3.10　关键连边对比

序号	MCDS（前 3 组实验结果）	重合连边
1	$\{e_{2,4},e_{2,6},e_{2,5},e_{5,8},e_{6,8},e_{6,19},e_{6,37},e_{8,9},e_{9,30},e_{9,11},e_{9,17},e_{9,29},e_{10,37},e_{17,37},e_{19,38}\}$	$\{e_{2,4},e_{2,6},e_{5,8},e_{6,8},e_{6,19},e_{6,37},e_{8,9},e_{9,11},e_{9,29},e_{9,30}\}$
2	$\{e_{2,4},e_{2,6},e_{6,19},e_{6,8},e_{8,9},e_{9,30},e_{9,17},e_{9,11},e_{11,31},e_{19,38},e_{26,46}\}$	$\{e_{2,4},e_{2,6},e_{6,8},e_{6,19},e_{8,9},e_{9,11},e_{9,30},e_{19,38}\}$
3	$\{e_{2,4},e_{2,6},e_{6,8},e_{6,19},e_{6,18},e_{6,37},e_{8,9},e_{8,18},e_{9,11},e_{9,17},e_{9,30},e_{17,37},e_{19,38},e_{18,19},e_{36,38},e_{37,47}\}$	$\{e_{2,4},e_{2,6},e_{6,8},e_{6,19},e_{6,37},e_{8,9},e_{8,18},e_{9,11},e_{9,30},e_{18,19},e_{37,47}\}$

　　从表 3.10 对比结果可以看出，3 组 MCDS 中的连边分别包含了超过 50％ 来自表 3.10 中的重要连边，同时全部包含 4 条综合关键连边，由此可见本书提出的方法能够对网络关键连边进行有效识别和确定。

　　通过以上对关键节点与关键连边的研究分析，可以看到基于 MCDS 的复杂网络关键节点和连边识别方法实现了对于复杂网络关键节点与关键连边的同时识别，并且识别结果表现出融合其他节点重要度评价方法的全面性效果。通过 IPSO 算法的帮助得到 MCDS，为复杂网络关键节点和连边识别创造出了更加快捷的识别方法。

　　为了进一步验证通过 MCDS 构建骨干网络识别关键节点和连边方法的鲁棒性和可靠

性,选择网络效率和网络最大连通子图节点数两类网络鲁棒性评价指标,采用节点和连边删除法研究原网络两类指标的变化情况。

选取表 3.8 中的 4 次实验结果,在无向图 $G_2(V_2,E_2)$ 中采用不放回方法,依次计算删除 14 个最小连通支配集节点及相应连边后的网络效率。原网络的网络效率变化情况如图 3.12 所示。

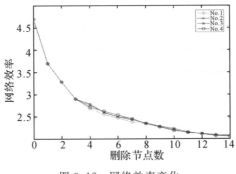

图 3.12 网络效率变化

从图 3.12 中 4 个实验的网络效率变化趋势可以发现,随着 MCDS 节点的删除,即骨干网络节点的数目不断减少,原网络的网络效率呈明显下降趋势,说明通过 MCDS 构建骨干网的方法识别出的关键节点与连边若发生改变会对网络信息传递的鲁棒性造成较大的影响。其中,在删除前三个节点,即 6、8 和 19 号节点后,网络效率下降幅度最大,而后下降幅度随着删除节点数目不断增加,逐渐变得平缓。说明这三个节点相比于其他 MCDS 节点对网络信息传递稳定性的影响更大。此外,6、8 和 19 号节点的 4 种节点重要度评价排序中均排名前 5 位,说明其在维持网络结构稳定与性能发挥两方面的重要度均较高,即综合重要度较高,这也是删除它们后,网络的鲁棒性明显下降的原因。在删去全部 14 个 MCDS 节点后,可以发现网络效率的损失率达到 60%,说明骨干网络中包含的关键节点以及连边在维持网络信息传递鲁棒性方面发挥着重要作用。

继续选取表 3.8 中的 4 次实验结果,在无向图 G 中采用不放回方法,依次计算删除 14 个 MCDS 节点及相应连边后的网络最大连通子图节点数,则网络最大连通子图节点数变化情况如图 3.13 所示。

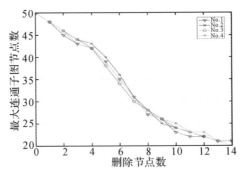

图 3.13 网络最大连通子图节点数变化

在图 3.13 中,4 个实验的网络最大连通子图节点数变化均呈明显下降趋势。在删除
MCDS 节点数目较少时,下降速度较缓慢,随着删除节点数目不断增加,最大连通子图节点
数减少速度加快。在全部删除 14 个 MCDS 节点后,原网络的最大连通子图节点数保持在
20 个左右,相比原网络节点总数损失幅度约为 60%,可见通过删除 MCDS 节点对原网络的
结构完整性和连通性造成了较大破坏,说明骨干网络识别出的关键节点和连边在维持网络
结构稳定中起到关键作用。

以上两个指标从网络性能与结构稳定性两个角度,对 MCDS 构建骨干网识别关键节点
与连边方法的可靠性进行了进一步验证。从验证结果可以说明,本书方法找到的骨干网络
在维持原网络的结构稳定和性能发挥上起到了重要作用,这些关键节点与连边的缺失会对
网络造成较大破坏。

为了进一步验证算法的性能和求解效果,以对比在处理规模较大网络时的时效性,本书
采用 Pajek 随机生成了 $N=150$、$N=300$、$N=900$ 三种具有小世界特性及无标度特性的复
杂网络,并将 IPSO 算法与 PA 精确算法、ACO - MCDS 算法和 RSN - TS 算法 3 种 MCDS
算法的求解时间和求解结果进行对比,见表 3.11("—"表示 1 h 内未求出结果)。其中,5 种
网络的取代概率均为 0.5,平均节点度分别为 2、4、5、6、10。

表 3.11　四种算法对比实验结果

N	IPSO		PA		ACO		RSN - TS	
	t/s	MCDS	t/s	MCDS	t/s	MCDS	t/s	MCDS
15	0.05	5	10	5	0.5	5	0.3	5
50	1.5	14	980	14	8	15	4	14
150	4	26	2 890	26	11	30	9	26
300	15	91	—	—	33	112	21	103
900	471	236	—	—	1 030	405	872	249

从表 3.11 中可以发现:①求解速度方面,对比 5 种不同网络规模下 MCDS 求解时间可
以发现,IPSO 算法求解所消耗的时间均小于其他 3 种算法,并且随着网络规模和复杂程度
的增加,IPSO 算法的运算时间仍然能够保持相比其他 3 种算法求解时间更小的增幅,说明
IPSO 算法在处理更大规模网络 MCDS 问题上更具优势和稳定性。算法的时间复杂度主要
源于两个约束条件,约束本身时间复杂度为常数,可忽略不计。子图连通分支约束的计算复
杂度相对较高,约为 $O(n^2)$。相比其他 3 种算法,IPSO 算法时间复杂度最低。②求解结果
方面,对于 $N=15$、$N=50$ 的小型网络,IPSO 算法与其他 3 种算法求解出的 MCDS 的节点
个数差距不明显,但在 $N=150$、$N=300$、$N=900$ 的大型网络中,IPSO 算法最终求解出
MCDS 节点个数明显少于其他 3 种算法。例如,在 $N=900$ 的网络中,IPSO 算法得到的
MCDS 节点数为 236,PA 精确算法已经无法处理,ACO - MCDS 算法得到的 MCDS 节点数
为 405,RSN-TS 算法为 241。ACO - MCDS 算法求解得到的节点个数最多,原因在于该算
法在规则上仍采用贪婪算法的方式寻找局部最优解,并未考虑从全局最优的角度对 MCDS
的搜索规则进行优化,导致解的精确度表现并不让人满意。RSN - TS 算法求解出的 MCDS

节点数虽然与 IPSO 算法差距最小,但是求解时间过长,原因在于该算法在划分节点集合的过程中,需要对全部节点逐一进行计算并判断类别,该过程增加了处理复杂度,降低了运算效率。③求解规模方面,IPSO 算法能够有效、快速处理节点数目多、结构复杂的大型复杂网络;PA 算法对于节点数大于 150 的网络求解时间过长,基本丧失处理能力;ACO、RSN - TS 算法尽管能够对节点数大于 150 的网络 MCDS 进行求解但求解速度和求解效果均不如 IPSO 算法。

2. 华东地区航空网络

通过在随机网络上对 MCDS 方法寻找网络关键节点与连边的效果进行验证,说明了该方法能够通过构建骨干网络实现复杂网络关键节点与连边的同时识别。因此,为了寻找华东地区航空网络中的关键机场、导航点和重要航线,本节将 MCDS 方法应用于 3.2 节所构建的华东地区航空网络中,并对实验结果进行相应分析。

华东地区航空网络由 104 个节点和 195 条边组成。使用 IPSO 算法求解网络的 MCDS。由于该航空网络为加权网络,故在选取免疫抗体时,将节点度指标变更为节点强度,最终选取 P_i 排名前 5 的节点注入初始粒子群。其中,CG_NDB、YQB_VOR 和 HCH_VOR 是固定节点抗原。WFG_VOR 和 LYG_VOR 是可变节点抗原。设置初始参数:种群大小 $N=104$,学习因子 $c_1=2$、$c_2=4$,初始惯性权重 $\omega=0.5$,最大迭代次数 $T=300$。为了保证结果的准确性,进行 50 次实验。每次实验平均时间为 5 s。最后,48 个实验得到的 MCDS 节点数为 40,两个实验得到的 MCDS 节点数为 41。具体的 MCDS 见表 3.12。

表 3.12　实验结果

实验编号	MCDS
1	{ 3 4 5 7 8 9 10 13 15 18 19 21 22 23 32 34 38 42 47 48 49 50 51 54 55 57 63 65 76 77 81 83 84 85 88 90 92 94 98 101 }
2	{ 2 3 4 6 7 8 9 10 13 18 19 24 25 30 40 42 46 47 49 52 54 55 57 59 60 62 63 64 76 77 81 82 84 88 89 92 93 98 100 101 }
3	{ 4 8 9 10 13 14 18 19 20 21 22 27 30 33 34 35 37 42 46 47 52 54 56 57 62 63 64 71 76 77 81 83 84 85 87 89 92 93 98 100 101 }
4	{ 2 3 4 5 7 8 9 10 13 15 18 20 22 23 25 27 28 30 40 42 43 49 54 55 57 60 63 64 76 77 81 83 84 85 88 92 94 96 98 99 }

实验结果表明,华东地区航空网络的 MCDS 节点数为 40 个。表 3.12 列出了 4 次实验的结果。对实验编号 1 的实验结果进行描点展示。

图 3.14 为采用 IPSO 算法构建华东地区航空骨干网络。其中,一些关键导航点和航线被识别出来。从网络的结构来看,华东地区航空网络具有明显区域集聚性。核心节点存在于不同的聚集区域。关键连边在连接这些聚集区域中发挥着重要作用。MCDS 能够识别出该网络中不同聚集区域的核心节点以及聚集区域之间的重要连边。从图 3.14 可以发现华东地区航空网络的北、东、西、南区域由骨干网络连接。然而,该网络结构特殊性,使得

MCDS 节点数量过多。因此,从 50 次实验结果中选择出现频率最高的 MCDS 节点作为最关键的节点,如图 3.15 所示。

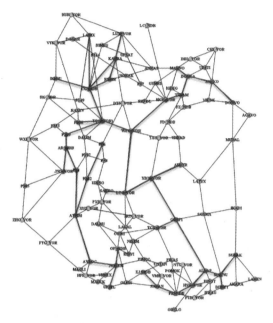

图 3.14　实验编号 1 对应的 MCDS 示意图

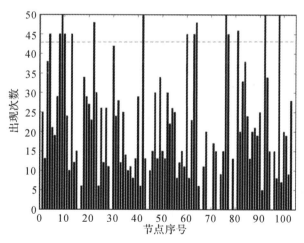

图 3.15　50 次实验结果统计

　　在图 3.15 中,选取出现 45 次以上的节点作为最关键节点,分别是 CG_NDB(3)、HCH_VOR(9)、YQG_VOR(10)、WFG_VOR(22)、JND_VOR(42)、NOBEM(64)、LAGAL(76)、MANTU(81)、HSH_VOR(92)、SANKO(98)。MCDS 选择的 10 个节点是骨干网络中的核心节点。为了比较关键节点的识别效果,使用介数中心性和 PageRank 来计算网络中所有节点的重要性,并对排名前 15 的节点进行罗列。此外,还列出了华东地区平均航班流量排名前 15 的导航点,作为节点重要度对比,见表 3.13。

表 3.13　节点重要度对比

序号	关键节点	介数中心性	PageRank	平均航班流量
1	CG_NDB	WFG_VOR（0.3343）	HCH_VOR（0.0174）	CG_NDB
2	HCH_VOR	LYG_VOR（0.2427）	CG_NDB（0.0160）	HCH_VOR
3	YQG_VOR	YQG_VOR（0.1870）	YQG_VOR（0.0159）	YQG_VOR
4	WFG_VOR	GORPI（0.1861）	HSH_VOR（0.0153）	LAGAL
5	DOBGA	HSH_VOR（0.1550）	MANTU（0.01471）	NOBEM
6	NOBEM	LAGAL（0.1440）	NOBEM（0.0127）	HSH_VOR
7	LAGAL	NOBEM（0.1290）	ATVIM（0.0126）	LYG_VOR
8	MANTU	XDX_VOR（0.1226）	LYG_VOR（0.0124）	XDX_VOR
9	HSH_VOR	YCH_VOR（0.1222）	LAGAL（0.0123）	YCH_VOR
10	LYG_VOR	DYN_VOR（0.1047）	PINOT（0.0122）	WFG_VOR
11	SANKO	AVLOG（0.1024）	TEKAM（0.0118）	NOBEM
12	XDX_VOR	DOBGA（0.1003）	XDX_VOR（0.0115）	DOBGA
13	AVLOG	ATVIM（0.0892）	PK_NDB（0.0110）	JND_VOR
14	TEKAM	HUN_VOR（0.0799）	PXD_VOR（0.0110）	ATVIM
15	SURAK	TAO_VOR（0.0752）	LUX_VOR（0.0108）	DYN_VOR

在表 3.13 中，MCDS 选择的关键节点与介数中心性、PageRank 识别出的重要节点基本一致。这也符合在随机网络中的实验结果。在介数中心性和 PageRank 排序的前 15 个节点中，GORPI、XDX_VOR、YCH_VOR 和 ATVIM 不在关键节点的识别序列中。然而，这些节点却出现在 MCDS 识别的关键节点中。这是因为只选择了出现频率最高的 10 个 MCDS 节点。ATVIM(8)和 XDX_VOR(13)等节点的出现频率为 35～45 次，故并没有作为关键节点，但可以作为重要节点。此外，从表 3.13 最后一列可以发现，华东地区平均流量较大的导航点与 MCDS 识别出的关键节点基本保持一致。验证了该方法可以有效地应用于实际航空网络。

在此基础上，本书对关键航线的识别情况进行分析。由于空中交通网络航路、航线往往由多个航段拼接组成。为了与实际相符，本书根据关键连边识别结果，结合中国民航航路航线图，采用连边组合的方式，将选定的 15 个航路点用真实航线关联起来，构建新的华东地区航空骨干网络，如图 3.16 所示。

在图 3.16 中，在 MCDS 确定的原始航空骨干网络的基础上，用真实航线将 15 个重要导航点串联在一起，建立了与实际空中交通状况相适应的新型航空骨干网络。选中的 15 个节点是 MCDS 节点中最重要的一部分，故该网络无法满足 MCDS 的约束要求。但是，它可以简明、清晰地展示由华东地区航空网络的核心航路点和航线组成的核心骨干交通网络。从该网络结构上可以看出，新的骨干网络将原来的网络划分为 3 个部分。这 3 个部分可以通过多条航线组合成一个整体。第一部分由 H104、W127、R343、X90 和 H20 航线组成。它覆盖了华东地区的西南部区域。第二部分包括 V30、V326、X99 和 H30 航线。它覆盖了华东地区的东北部区域。第三部分由 A326、G455、R343、X90、H30、B231 航线组成。它覆盖了华东地区的东南部区域。与图 3.14 中原始骨干网络相比，两个网络均将华东地区航空网络划分为 3 个区域，但新的骨干网结构更简单，连通性更好。这 3 个地区可以通过重要的航路航线连接起来。为了验证这些关键航路航线的重要性，采用华东地区年平均交通流量和边介数指标对前 10 条航线进行对比，见表 3.14。

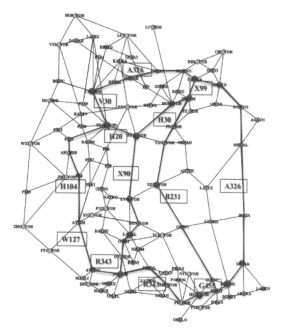

图 3.16　新华东地区航空骨干网络示意图

表 3.14　关键航线对比

序号	关键航线	边介数	年平均流量
1	A326	WFG_VOR – LYG_VOR（X90）(0.1072)	A326
2	B231	WFG_VOR – YQG_VOR（H20）(0.0819)	R343
3	G455	WFG_VOR – HSH_VOR（H30）(0.0648)	V30
4	R343	GORPI – XDX_VOR（B231）(0.0634)	H30
5	X90	LAGAL – LYG_VOR（X90）(0.0501)	G455
6	W127	GORPI – ALDAP（B231）(0.0480)	H28
7	H104	XDX_VOR – LYG_VOR (0.0448)	H20
8	V30	CG_NDB – REGIR（A326）(0.0427)	B231
9	H20	PIMOL – NOBEM（R343）(0.0412)	X90
10	X99	HSH_VOR – PINOT（G455）(0.0403)	W127
11	H30	TAO_VOR – FD_NDB（B231）(0.0394)	H104

在表 3.14 中,边介数最高的航段基本均属于识别出的关键航路航线。在复杂网络中,边介数越高,边的连通性和信息传递效率就越高。说明这些关键航路航线在维持航空网络结构稳定和促进网络信息流方面发挥着重要作用。此外,根据华东地区各条航路航线的流量统计,A326、B231、G455、R343、A326、H30、H20、V30 等航线的流量每年超过 2.8 万架次,属于该区域的航空交通干线。这些航路航线维持着华东地区航空网络的平稳运行。可以发现,采用本书方法找到的关键航路航线与现实中至关重要的交通运输航线的符合率较高。这也表明基于 MCDS 的航空骨干网络识别方法在现实空中交通网络中匹配度较高,有利于后续对空中交通网络的结构和性能特点进行深入研究。

3.3 基于局部弹性路由层的改航规划方法

上述对关键航路段进行了识别,在此基础上,将关键航段作为保护对象,建立航路网络局部弹性路由层,当战时多条关键航路失效时,可提供备份航路。本节通过分析距离成本、风险成本、负载均衡、重要航路保护度,评价备份航路的改航效果,研究局部弹性路由层的优化问题。

3.3.1 引言

战时,各方面因素造成多条航路段、多个机场同时失效的现象频发,对军航航空器执行作战任务以及民航航空运输都造成很大影响。为了使受影响的军航飞行任务得以继续开展,航空效益得以维持,需要进行改航规划。

通过航路网络模型研究改航规划问题是一种常见的方法。Sarah Stock Patterson 在 1997 年建立了改航数学模型,这一时期的学者还没有在航路网络的框架下研究改航的。其后,随着复杂网络理论兴起,依托航路网络进行改航规划成为研究热点。张陆彬采用动态交通流理念,在航行后根据实时计划,寻找动态网络中的最小费用流,以此调整航线,在此基础上,刘佳进一步考虑了空中盘旋等待的问题,调整了时间约束条件。当前,基于航路网络的改航策略主要是在恶劣天气和军事训练背景下进行研究,在战时背景下的研究较少;并且往往是面向静态网络的,把改航简化为最短路问题;在宏观层面上未作更深入分析,未能充分发挥网络的统筹优势,往往会造成流量的聚集,出现拥堵;一般只能应对单航路失效问题,对多航路多机场同时失效问题研究不足。基于此,本章引入弹性路由层概念,对上述问题展开研究,提出一种改航预案的设计方法,并从距离成本、风险成本、流量负载均衡、重要航路的保护度等方面优化了预案。

3.3.2 局部弹性路由层

本节针对航路段之间重要度差距较大,以及部分航路在失效后无法修复等问题,没有为航路网络建立完整的弹性路由层,而是选取关键航路段集合作为保护对象,建立局部弹性路由层,形成可应对多航路段失效问题的改航预案。

1. 设计原理

改航规划与计算机网络中的多链路故障修复问题相似,都是在复杂网络中研究链路中断后的流量转发问题,后者通过弹性路由层等方法,已较好地解决了这一问题。弹性路由层是在 2009 年由挪威模拟实验室提出的修复网络多链路故障的方法,既有利于管控,也更为简单,通过无中断转发降低损失。其优化目标通常为重路由成本,即平均重路由路径增加值。常用的求解算法主要有 Minimum 算法、Sparse 算法、PGA 算法和 Rich 算法等。以图 3.17 中的弹性路由层为例,分析在普通网络中基于弹性路由层的路径重规划的原理。

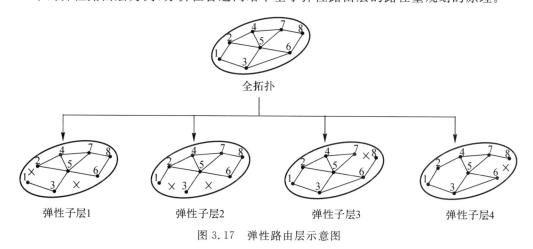

图 3.17　弹性路由层示意图

图 3.17 所示为一个节点数为 8 的简易网络建立了层数为 4 的弹性路由层,弹性子层 1 保护链路"1-2""3-6";子层 2 保护链路"1-3""3-6";子层 3 保护链路"7-8";子层 4 保护链路"6-8"。以一条路径"1-3-6-8"为例,若链路"3-6"失效,则切换至弹性子层 1 中进行路径规划,重新规划路径为"1-3-5-7-8"。其余未发现故障的路径继续在原拓扑中传输。弹性路由层不止可以解决单链路故障,也可以解决多链路故障,例如,若"1-3""3-6"链路同时失效,则可切入弹性子层 2 进行路径规划。

从上述案例中可以总结出,若要为航路网络建立一个完整的弹性路由层方案,需要满足以下条件:

(1)所有航路网络弹性子层都不能是全拓扑,至少删去一条航路;所删航路即为子层保护对象。

(2)每个弹性子层对应的子航路网络都是完全连通的。

(3)在一个完整的弹性路由层设计方案中,每条航路段都应至少对应一个弹性子层。

航路网络结构较为稀疏,边缘航路段对网络影响较小,且连边较少,战时失效后,修复困难,修复价值也不高。因此本章选择以关键航路段集合为保护对象,建立局部弹性路由层,其规划思路如图 3.18 所示。具体为:以原网络为基础,建立若干个完全可达的子网络,称之为"层",每一层删去一定的航路段(任何一层均不能为全拓扑),删去的航路段即为该层的保护对象。在航路段失效后,为受影响的飞行器调用相应的弹性子层,进行改航规划;一个航空器的飞行路径上多条航路段同时失效时，切入同时保护这些航路段的弹性子层，就能获得改航方案。理论上，只要弹性子层足够多，隔离的航路段集合足够丰富，就可以列举出所有可能出现的航路失效情况，构建备份航线表，设计改航预案。

该方法针对战时改航对时效性要求更高的特点，将改航工作前置，在战前完成应对各类航路失效情形的改航预案，可有效节约改航时间，提高改航效率。

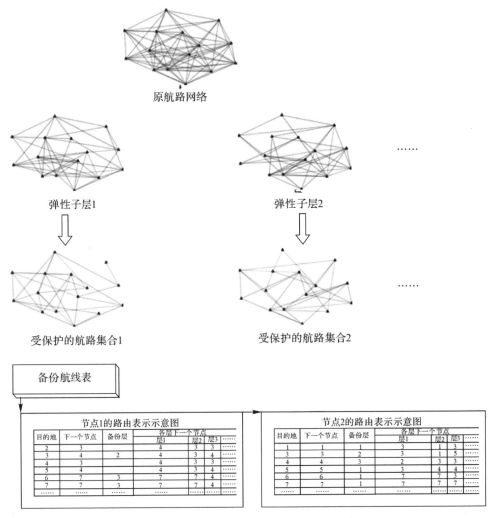

图 3.18 建立局部弹性路由层的规则思路

2. 评估方法

一般弹性路由层的评估指标有层数 m 和改航路径增加值 Δl，前者描述存储成本，后者描述改航成本。在本章中，考虑战时因素，添加了重要航路保护度 q、最大链路利用率 ue_{ij}、风险因子 rf 等 3 项指标。

（1）层数 m。n 条航路的航路网络的弹性子层层数不能超过 n，最小层数取决于需保护的关键航路数。层数越多，需要存储的信息量和改航计算量越大。而航路网络结构较为稀疏,所需的子层数目相对较多。

(2)改航路径增加值 Δl。任意子层均非全拓扑,Δl 必然大于等于 0。可定义航路网络的最短路径矩阵 $\boldsymbol{L}_{FT}=(l_{ij})_{n\times n}$,$l_{ij}$ 为节点 i 与 j 之间的最短路径长度。第 h 个弹性路由层的最短路径矩阵为 $\boldsymbol{L}_h$。定义矩阵 $\boldsymbol{A}=(a_{ij})_{n\times n}$,当 i 到 j 的最短路径上的第一段航路包含于弹性子层拓扑中时,$a_{ij}=1$,否则 $a_{ij}=0$;则可定义改航路径增加值 Δl 为改航路径增加矩阵 $\Delta \boldsymbol{L}$ 的各项之和。

$$\Delta \boldsymbol{L} = \sum_{h=1}^{m} \boldsymbol{A}_h * (\boldsymbol{L}_h - \boldsymbol{L}_{FT}) \tag{3.21}$$

(3)重要航路保护度 q。航路网络中,对于负荷较大流量或有重要影响的航路,应当优先保护,使其获得的 Δl 值较小。首先,应当评估航路的重要度,采用连边删除法来获取航路重要度矩阵 $\boldsymbol{D}$。综上,可定义考虑重要航路保护度的加权改航路径增加矩阵 $\Delta \boldsymbol{L}_q$:

$$\Delta \boldsymbol{L}_q = \boldsymbol{D} * \sum_{h=1}^{m} \boldsymbol{A}_h * (\boldsymbol{L}_h - \boldsymbol{L}_{FT}) \tag{3.22}$$

(4)最大航路利用率 $u_{e_{ij}}$。改航规划中需要考虑负载均衡的问题,若不考虑各条航路段的容量上限,只考虑最短改航距离,必然会造成流量聚集,使一些航路段出现拥堵的现象。定义航路段 e_{ij} 的利用率为 ue_{ij}:

$$u_{e_{ij}} = \max_{e_{ij} \in E}[(w_{e_{ij}} + w'_{e_{ij}})/c_{e_{ij}}] \tag{3.23}$$

式中:$w_{e_{ij}}$ 为 $\boldsymbol{W}$ 中的元素,是根据统计学对原拓扑中经过链路 e_{ij} 上的流量的预测值;$w'_{e_{ij}}$ 为改航后分流到航路 e_{ij} 上的流量变化值;$c_{e_{ij}}$ 为 $\boldsymbol{C}$ 中元素,是原拓扑中经过链路 e_{ij} 的飞行容量上限。其中,$\boldsymbol{C}$ 为航路段容量矩阵,描述各航路段的容量上限;$\boldsymbol{W}$ 为航路飞行流量矩阵。

(5)风险因子 rf。风险因子 rf 用于描述航路段上的危险程度。战时,航路段上的威胁主要来自敌我双方军用飞行器、导弹、我方地面防空火力等,在战时改航规划时需要考虑新的航行路径的危险程度,总的风险值为改航路径上的风险因子之和。对于风险因子的设定主要取决于专家评估,通过相关部门提供的风险评估报告,建立航路段风险因子邻接矩阵 $\boldsymbol{RF}$。

综上,本章提出的改航方法具体描述如下。

$$\min \beta_1 \sum_{e_{ij} \in E} d_{e_{ij}} * \Delta l_{e_{ij}} + \beta_2 \sum_{e_{ij} \in E} d_{e_{ij}} * u_{e_{ij}} + \beta_3 \sum_{e_{ij} \in E} rf_{e_{ij}} \tag{3.24}$$

约束条件为

$$2 \leqslant m \leqslant \gamma |E| \quad (0 < \gamma \leqslant 1) \tag{3.25}$$

$$G_p = \sum_{k=1}^{m} Gk/(m-1) \tag{3.26}$$

$$|G - Gk| \neq 0 \tag{3.27}$$

$$e_{ij} \in E_p \tag{3.28}$$

式(3.24)是模型的优化目标,考虑重要链路保护度的改航路径增加值、最大链路利用率、改航风险成本的加权和最小化,在具体问题中需要对 $\Delta l_{e_{ij}}$,$u_{e_{ij}}$,$rf_{e_{ij}}$ 进行归一化处理。其中,$d_{e_{ij}}$ 是重要度矩阵 $\boldsymbol{D}$ 中的元素,用于描述航路 e_{ij} 的重要度;β_1,β_2,β_3 是权重控制因子,可以用于调整方案的倾向性,在更注重改航成本时增加 β_1 的比例,更注重航路利用率时增加 β_2 的比例,更注重飞行安全时可增加 β_3 的比例;式(3.25)限制了弹性路由层的层数 m,至少大于两层,最大层数不能超过航路段的总数;式(3.26)和式(3.27)确保了产生的子拓扑均为弹性子层,一方面所有关键航路段都能够得到相应子层进行备份,另一方面每个子层都不是全拓扑,至少保护一条航路。式(3.28)明确了所有弹性子层的保护对象为所选定的关键航路段集合 E_p。

3.3.3　基于 PGA 算法的局部弹性路由层优化

前面将局部弹性路由层优化目标描述成一个线性规划问题,常用启发式智能算法进行求解,本章采用 PGA 算法,将上述问题映射到 PGA 算法的表达空间。

1. 编码方式

PGA 算法常用的编码方式有序号编码、非序号编码两种。编码的方式取决于同序基因集 G_c,即染色体某一位置上的基因的可能的取值集合,此集合中的元素为同序基因数 g_c。本章中的染色体每个位置上的基因对应一条航路序号,只有唯一取值,$g_c = 1$,可使用序号对航路进行排序,这些编码符号以块的形式存在,每一块对应一个弹性子层。

2. 适应度函数

适应度是算法中个体之间比较的依据,在局部弹性路由层优化算法中以考虑重要航路保护度的改航路径增加值、最大链路利用率和改航风险成本 $\mathrm{rf}_{e_{ij}}$ 的加权和的倒数为适应度的值,即 $f = 1/(\beta_1 \sum_{e_{ij} \in E} d_{e_{ij}} * \Delta l_{e_{ij}} + \beta_2 \sum_{e_{ij} \in E} d_{e_{ij}} * u_{e_{ij}} + \beta_3 \sum_{e_{ij} \in E} \mathrm{rf}_{e_{ij}})$。$d_{e_{ij}}$、$u_{e_{ij}}$、$\mathrm{rf}_{e_{ij}}$ 分别是航路 e_{ij} 的重要度、链路利用率和风险成本,β_1,β_2,β_3 可依据方案的倾向性设置。

3. 遗传操作

遗传操作主要有交叉操作、选择操作两类。基因突变适用于同序基因数一个以上的编码方式。同序基因数指的是同一事物序号的可能取值数目。本书为航路编号,同一个航路只能有一个序号,因此同序基因数为 1,不能使用基因突变。

(1)交叉算子。交叉操作是为了产生新的个体,扩大算法的搜索范围的一种操作。PGA 中每个个体的交叉由个体自行完成,以基因换位的方式进行。为了使好的个体的良性基因得以保留,差的个体基因快速更新,PGA 的基因换位采用为单点基因换位和亮点基因换位相结合的方式。

若 $f_i/\sum f_i > 1/n$,即第 i 个个体的适应度值大于所有个体的平均水平时,对其进行单点基因换位操作。当个体 i 的适应性超过平均水平时,可认为该个体有较好的基因特性,单点基因换位可以尽可能地保留良好基因。

若 $f_i/\sum f_i \leqslant 1/n$,对其进行两点基因换位操作。此时,个体 i 的适应度值不高于全部个体适应度值的平均水平,可认为其适应性较差,使用两点基因换位,可以使基因快速更新。

(2)选择算子。PGA 选用家庭竞争和社会竞争两次竞争来完成选择操作。家庭竞争在父代个体和子代个体之间完成,子代由父代繁衍得来并组成一个家庭,一个家庭只存留少量个体,对适应性差的个体在家庭一级就予以淘汰;家庭竞争中存活下来的个体还要进行社会竞争,淘汰大多数适应性差的个体,存活下来的个体再组成新的群体。两轮竞争可以控制收敛速度和搜索能力,父代繁衍的个体数目越多,则算法收敛能力越强,家庭竞争越激烈,筛选出的个体越少则收敛越慢,可以避免算法进入局部最优。

3.3.4 改航规划步骤

建立航路网络模型,选取最大连通子图尺寸、平均最短路径长度、网络聚类系数等 5 个指标,评估航路网络性能。以基于重要链路保护度的改航路径增加值、最大链路利用率、改航风险成本的加权和最小化为优化目标,应用 PGA 算法进行求解。算法步骤如图 3.19 所示。

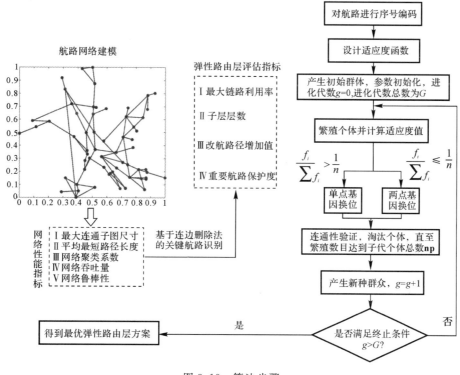

图 3.19 算法步骤

(1)建立航路网络模型。

(2)建立网络性能评估指标体系,使用改进的连边删除评估法识别出最具备份保护价值的关键航路段集合。

(3)对航路进行序号编码:首先使用①、②、③…对航路进行排序,每段编码情况对应局部弹性路由层方案中的 1 个弹性子层。

(4)设计适应度函数。

(5)初始化,产生初始群体,设置进化代数 $g = 0$,总代数为 G 代。

（6）繁殖个体,计算个体的适应度值。

（7）交叉操作,$f_i / \sum f_i > 1/n$ 的个体进行单点基因换位,$f_i / \sum f_i \leqslant 1/n$ 的个体进行两点基因换位。

（8）对个体即弹性子层进行连通性验证,对不完全连通的个体予以淘汰,直至个体总数达到期望值 n_p 为止。

（9）产生新的种群,$g = g + 1$。

（10）判断是否达到迭代次数,"否"则跳转至（6）,"是"则得到最优弹性路由层方案。

3.2.5 仿真分析

首先随机生成节点数为 6,边数为 15,各边权均为 1 的随机无向网络。在 $\beta_1 = 1$,$\beta_2 = 0$,$\beta_3 = 0$,且仅考虑改航路径增加值 $\Delta l_{e_{ij}}$ 时,为其设计 3 层弹性路由层,对所有边进行保护,利用 BPSO 进行求解,所求最优方案如图 3.20 所示。

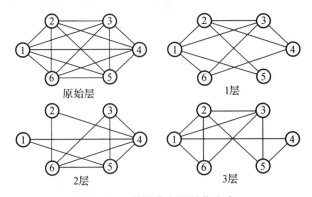

图 3.20　弹性路由层最优方案

原拓扑共计 15 条边:弹性子层 1 保护 2－4、3－4、1－6、4－6 等 5 条边;弹性子层 2 保护 1－2、2－3、1－4、2－5、4－5、3－6 等 6 条边;弹性子层 3 保护 1－3、1－5、3－5、5－6 等 4 条边。在相应边失效后,可进入相应弹性子层进行改航。经计算,各边加权改航路径增加值之和为 30。

以昆明管制区航路网络为平台进行仿真。昆明地区共计 63 个航路点,85 条航路段,选取 12 条关键航路对其进行保护。首先,通过连边删除评估法选取 12 条关键航路段集合,如图 3.21 所示。

设置 $\beta_1 = 0.5$,$\beta_2 = 0.2$,$\beta_3 = 0.3$,本次航路规划的倾向性为 $\Delta l_{e_{ij}} > rf_{e_{ij}} > u_{e_{ij}}$。关键航路段数相对不多,设置 $m = 3$,仅用 3 层弹性路由层对其进行保护。根据连边删除评估法计算航路重要度矩阵 $\boldsymbol{D}$,根据专家风险评估意见设置航路风险矩阵 $\boldsymbol{RF}$。在相同保障条件下,可认为航路段的容量与距离成正比,可根据距离矩阵设置容量矩阵 $\boldsymbol{C}$。对飞行流量矩阵 $\boldsymbol{W}$ 中的数据进行模拟,产生一组服从正态分布的流量矩阵,均值为 20,方差为 10,描述流量分布情况。经 PGA 算法计算,所得最优弹性路由层方案如图 3.22 所示,3 层弹性子层及其所保护航路的具体方案见表 3.15。

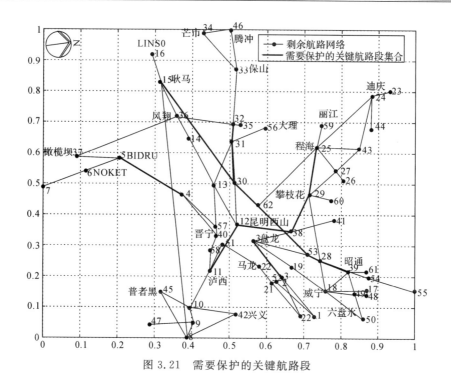

图 3.21　需要保护的关键航路段

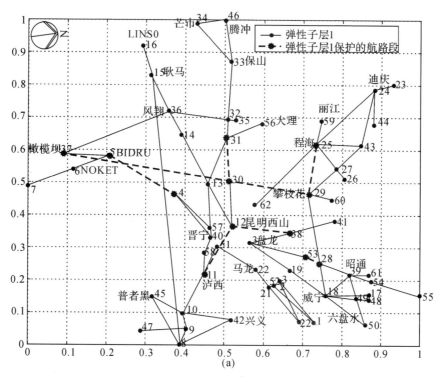

图 3.22　弹性路由层方案

（a）弹性子层 1

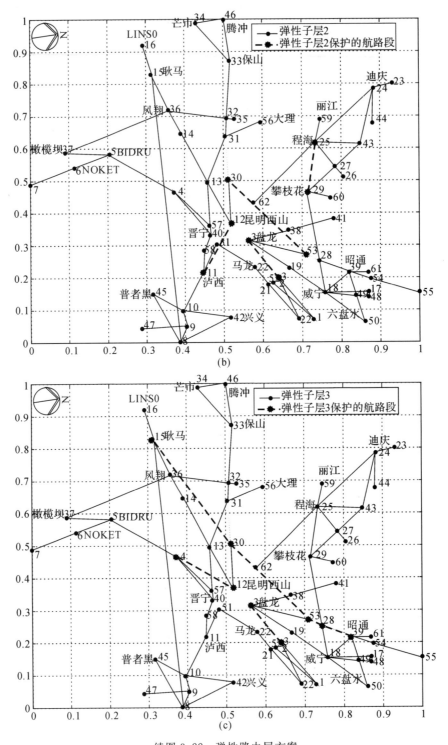

续图 3.22　弹性路由层方案

(b)弹性子层 2；(c)弹弹性子层 3

表 3.15　弹性路由层方案

弹性子层	弹性子层所保护的航路段集合			
层 1	ELASU—BIDRU	泸西—西山	程海—攀枝花	P73—ALALA
	西山—P297	攀枝花—P297	P334 —DADOL	
层 2	XISLI—盘龙	泸西—西山	程海—攀枝花	P73—DADOL
层 3	XISLI —盘龙	ELASU—BIDRU	耿马—P73	ALALA P333
	P334—昭通	P334—DADOL	P73—DADOL	

经计算,平均改航路径增加值为 169.531 9 km,最大航路利用率为 0.351 2,平均改航风险成本为 0.254 6。各节点间的最短路径距离增加值矩阵部分见表 3.16。

表 3.16　最短路径距离增加值矩阵(部分)

	六盘水	XISLI	盘龙	西山	ELASU	BIDRU	NOKET
六盘水	0	0	531	51	196	196	196
XISLI	0	0	531	51	196	196	196
盘龙	531	531	0	87	162	162	162
西山	51	51	877	0	216	216	216
ELASU	196	196	162	216	0	0	0
BIDRU	196	196	162	216	0	0	0
NOKET	196	196	162	216	0	0	0

对最优弹性路由层的各项指标展开分析,以验证改航规划方法的有效性。

关键航路段的重要度及其平均改航路径增加值见表 3.17,改航成本与重要度并不完全成反比。单从数据上看,重要度最高的 ELASU—BIDRU 的改航距离成本并不低,但实际上其改航代价本就远高于其他航路段,其失效后客观上只能绕航更远距离,而改航方案已尽可能地为其分配了 Δl 相对较小的改航路径。

表 3.17　关键航路段的重要度及平均改航路径增加值

关键航路段	重要度	平均改航路径增加值/km
ELASU—BIDRU	8.380 9	216
泸西—西山	2.148 3	130
程海—攀枝花	1.955 3	27.33
西山—P297	1.568 7	144.67
攀枝花—P297	1.042 3	149.33
P73—ALALA	1.399 8	73.33
P334—DADOL	0.048 8	260.66
XISLI—盘龙	0.506 4	531

关键航路段	重要度	平均改航路径增加值/km
P73—DADOL	4.637 3	129.33
耿马—P73	5.769 6	58.67
ALALA—P333	2.613 9	301.33
P334—昭通	1.403 6	29

此方案为 $m=3$ 时的最优弹性路由层方案,随着层数的增加,还可进一步优化局部弹性路由层,但在保护对象较少时,继续提高层数的收益并不大,反而会增加算法计算量,在实际问题中可根据保护的航路段数目,灵活调节弹性路由层层数。从计算时间上看,本算法具备时间优势,可将战时改航规划工作前置,从而提高战时改航效率。

最后,对改航的过程进行模拟。航空器 A 原本拟沿耿马—P73—DADOL—P334—昭通线飞行,总飞行距离为 616 km。昆明管制区如果受到敌方战机威胁,P73—DADOL 和 P334—昭通段暂时失效,管制部门需要对航空器进行改航。首先,根据失效航路段情况,可以切入弹性子层 2、弹性子层 3 寻找备份路径。弹性子层 2 提供的备份路径的飞行距离为 739 km,弹性子层 3 提供的飞行距离为 823 km。据此,选择弹性子层 2 提供的备份路径,航空器 A 沿耿马—凤翔—MAKUL—GULOT—西山—P297—盘龙—MEBNA—威宁—昭通线飞行,改航路径如图 3.23 所示。

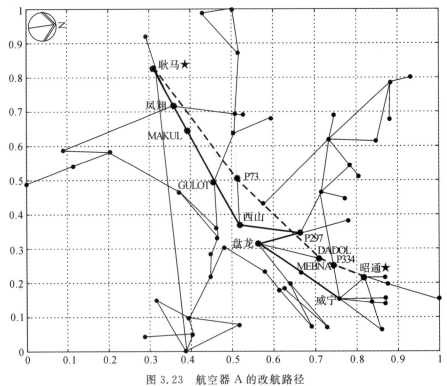

图 3.23　航空器 A 的改航路径

综上,可以得出以下结论:上述方法可在飞行前,识别出重要度较高的关键航路段,建立局部弹性子层,在航路失效后,根据不同情形,切入相应弹性子层进行改航规划。与现有的改航算法相比,该算法的优势在于在预先计算、节约改航时间方面更加贴合战时改航工作的时效性需求;强调了航路重要度和风险因子的影响,使改航规划更贴近战时管制工作实际;考虑了航路的负载均衡问题,可避免改航后出现拥堵现象。

3.4　本章小结

首先,本章基于复杂网络理论和方法,针对华东地区航空网络的特点,对网络拓扑模型做了一些合理性假设。通过网页爬取了反映 104 个华东地区机场和导航点运行态势的指标数据,并将其整合至复杂网络连边权重之中,得到我国华东地区航空网络的加权邻接矩阵。根据统计的指标数据发现,华东地区航空网络结构上存在典型的小世界和无标度特性。同时该数据也能够较为全面地反映出网络所处的运行状态,有助于找出运行态势处于明显不稳定且具有较大运行风险的时段,为后续研究网络关键结构识别和网络运行态势指标筛选提供实验平台。

其次,通过引入图论中的最小连通支配集概念,构造 IPSO 算法,提出一种识别复杂网络关键节点与关键连边的新方法。在针对华东地区航空网络的研究中,找到了 CG_NDB、HCH_VOR 和 YQG_VOR 等关键导航点以及一些重要的航路、航线,如 A326、B231、H30 和 R343。它们共同组成了华东地区的航空骨干网络,并实现了对华东地区航空网络的结构精简。

最后,借鉴弹性路由层研究了战时改航问题,根据航路网络中识别出关键航路段集合,为其建立局部弹性路由层,利用 PGA 算法对局部弹性路由层进行优化。仿真实验表明,该方法能够有效应对多条航路段同时失效问题,将战时改航问题前置,提高战时改航效率,规划方案流量负载均衡,有效避免拥堵,突出了对重要航路的优先保护,考虑了风险成本,方法兼具安全性与实用性。

参 考 文 献

[1]　YU H, CAO X, LIU Z, et al. Identifying key nodes based on improved structural holes in complex networks [J]. Physica A: Statistical Mechanics and its Applications, 2017, 486(14):318 – 327.

[2]　FEI L, MO H, DENG Y. A new method to identify influential nodes based on combining of existing centrality measures[J]. Modern Physics Letters B, 2017, 31 (26):175 – 243.

[3]　BERMAN R W, MATTY M A, Au G G, et al. Direct in vivo manipulation and imaging of calcium transients in neutrophils identify a critical role for leading-edge

calcium flux[J]. Cell Reports，2015，13(10)：2107 - 2117.

[4] 殷剑宏，吴开亚. 图论及其算法[M]. 合肥：中国科学技术大学出版社，2003.

[5] EIBEN E，KUMAR M，MOUAWAD A E，et al. Lossy kernels for connected Dominating Set on Sparse Graphs[J]. SIAM Journal on Discrete Mathematics，2019，33(3)：1743 - 1771

[6] KOIVISTO M，LAAKKONEN P，LAURI J. NP-completeness Results for Partitioning a Graph into Total Dominating Sets[J]. Theoretical computer science，2020，818(3)：22 - 31.

[7] 周晓清，叶安胜，张志强. 无向图中连通支配集问题的精确算法[J]. 计算机应用研究，2019，36(9)：1 - 8.

[8] 万欣. 迭代禁忌搜索算法求解最小连通支配集问题[D]. 武汉：华中科技大学，2016.

[9] JOVANOVIC R，TUBA M. Ant colony optimization algorithm with pheromone correction strategy for the minimum connected dominating set problem［J］. Computer Science & Information Systems，2013，10(1)：133 - 149.

[10] CUI Y，SHI J，WANG Z. Enhancing particle swarm optimization with binary quantum wave modulation and joint guiding forces[J]. Natural Computing，2018，6(3)：1 - 25.

[11] KLUSOWSKI，JASON M，WU Y H. Estimating the number of connected components in a graph via subgraph sampling［J］. Bernoulli Society for Mathematical Statistics and Probability，2020，26(3)：1635 - 1664.

[12] 张陆彬，王莉莉，张兆宁. 航线网络中基于最小费用流的航线选择问题[J]. 航空计算技术，2010，40(6)：35 - 37.

[13] 刘佳，王莉莉. 基于最小时间的航线选择问题[J]. 中国民航飞行学院学报，2013，24(4)：16 - 18.

[14] WEN X，TU C，WU M. Node importance evaluation in aviation network based on "No Return" node deletion method[J]. Physica A：Statistical Mechanics and its Applications，2018，503：546 - 559.

[15] MURALI M P，MOHAN G，JOON L T. Dynamic Attack-Resilient Routing in Software Defined Networks［J］. IEEE Transactions on Network and Service Management，2018，15(3)1146 - 1160.

[16] ZHENG J，Li B，TIAN C，et al. Congestion-Free rerouting of multiple flows in timed SDNs[J]. IEEE Journal on Selected Areas in Communications，2019，37(5)：968 - 981.

[17] WU W，MENG X R，LIU Y J，et al. Optimizing algorithm for resilient routing layers topology building of IP networks[J]. Journal of the University of Electronic Science and Technology of China，2014，43(5)：769 - 774.

[18] SU H K. A Local Fast-Reroute mechanism for single node or link protection in hop-by-hop routed networks[J]. Computer Communications，2012，35(8)：970

−979.

[19]　徐明伟，杨芫，李琦. 域内自愈路由研究综述[J]. 电子学报，2009，37(12)：2753 −
2761.

[20]　伍文，孟相如，刘芸江，等. IP 网络弹性路由层拓扑生成优化算法[J]. 电子科技大
学学报，2014，43(5)：769 − 774.

[21]　KVALBEIN A，HANSEN A F，ČIČI，et al. Multiple routing configurations for
fast IP network recovery[J]. IEEE/ACM Transactions on Networking，2009，17
(2)：473 − 486.

[22]　HASEGAWA G，HORIE T，MURATA M. Proactive recovery from multiple
failures utilizing overlay networking technique[J]. Telecommunication Systems，
2013，52(2)：1001 − 1019.

[23]　孟相如，伍文，任清华，等. 面向负载均衡的 IP 网络弹性路由层优化方法：
CN201410008336 [P]. 2014 − 04 − 09.

第4章 飞行状态网络建模及应用研究

4.1 引 言

当前管制指挥系统中,管制员通过地面监视设备获取飞机状态、气象以及交通态势等信息,预判潜在的飞行冲突,为飞行员提供规避冲突的方案。但是,管制员处理能力有限,当飞行态势过于复杂或者飞行流量较大时,只能采取流量控制等措施,通过限制飞行活动,减少空域内的飞机数量,达到缓解空中交通拥挤态势的目的。这种管制方式效率低下,受管制人员能力的影响而容易造成人为失误,不利于航空运输业的长效发展,也难以适应未来高密度、大流量的空域运行环境。

除此之外,当前的空中交通管制服务更偏重于保持航空器之间的间隔、解决短期内的飞行冲突等战术调配行为,缺乏宏观上对空中交通态势演进过程的准确把握,在进行冲突解脱时极易产生多米诺效应(冲突链式反应),甚至对空域内其他航空器产生不利影响,如图4.1所示,此类现象在管制员工作经验不足时更为明显。因此,当前的空中交通管制服务难以对复杂的交通状态进行有效的判别和科学的引导。

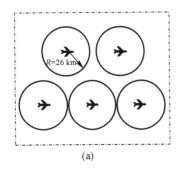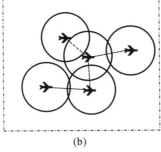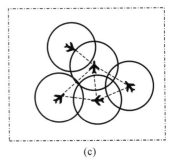

图 4.1 流量相同而微观结构不同的交通状态

为了解决上述问题,本章通过分析空中航空器之间的相对位置关系建立微观的空中交通网络模型,结合复杂网络理论和数据挖掘等方法,从战略层面分析空中交通态势和复杂性,控制空中交通网络演化方向,识别对网络影响较大的关键航空器节点,并在战术层面实施飞行冲突解脱,保证飞行安全。本章通过构建飞行状态网络对空中交通复杂度进行分析,在此基础上,通过对网络拓扑的分析给出飞行冲突解脱策略,为提高空中交通管理自动化水平,解决空中交通拥堵问题以及提升空域资源利用率提供相应的基础理论支撑。

4.2 飞行状态网络建模与拓扑分析

4.2.1 飞行状态网络模型

在飞行状态网络中,飞机被视为节点 $V=\{v_i\}$,ACAS 通信范围内的飞机间存在连边 $E=\{e_{ij}\}$,以距离的倒数为边权 $W=\{w_i\}$。飞机在某时刻的位置以及与相邻飞机间的关系抽象成了复杂网络,飞机状态网络模型如图 4.2 所示。集合 V 中的任意节点 v_i 和 v_j,存在连边时有 $e_{ij}=\omega_{ij}$,ω_{ij} 为节点之间的权重,反之,$e_{ij}=0$。在空中交通网络中有 $e_{ij}=e_{ji}$,即该网络属于典型的无向加权网络。航空器是网络中的单独个体,也是网络实际存在的意义。该模型考虑了航空器之间的相对距离,在战术前期作为冲突检测和解脱预警平台,排除了间隔时间较长的航空器对,有效降低了冲突探测和解脱的频率。

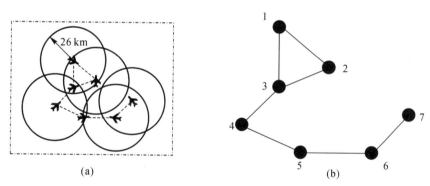

图 4.2 飞行状态网络模型

(a)飞行态势;(b)拓扑结构

对飞行状态网络拓扑结构进行提取后,该网络由 7 个节点和 7 条连边组成[见图 4.2 (b)],可以由邻接矩阵表示为

$$
\boldsymbol{A}=\begin{pmatrix}
0 & 1 & 1 & 0 & 0 & 0 & 0 \\
1 & 0 & 1 & 0 & 0 & 0 & 0 \\
1 & 1 & 0 & 0 & 0 & 0 & 0 \\
0 & 0 & 1 & 0 & 1 & 0 & 0 \\
0 & 0 & 0 & 1 & 0 & 1 & 0 \\
0 & 0 & 0 & 0 & 1 & 0 & 1 \\
0 & 0 & 0 & 0 & 0 & 1 & 0
\end{pmatrix}
\tag{4.1}
$$

空中交通管理系统的基本任务是保证空中交通的安全。当两架或两架以上飞机不断靠近时,管制员必须监视它们之间的间隔变化,了解空中交通状况的危险程度,并在出现飞行冲突时立即采取相应的解决方案。因此,关于这种航空器间接近关系的描述,对空中交通态势的定量分析,以及对不同交通态势给管制员带来的困难的描述都是非常重要的。在判定航空器位置关系的基础上,引入航空器之间的迫近效应,对飞行状态网络的连边权重进行定义。

航空器对之间的相对位置、速度信息体现了其当前态势(汇聚/分散)(见图 4.3),即航空器迫近效应。航空器位置和速度分别为 $\boldsymbol{P}$、$\boldsymbol{V}$,其相对位置和速度用 D_{ij}、V_{ij} 表示。

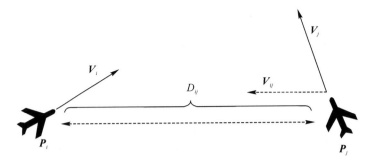

图 4.3 飞行态势

图 4.3 中,两机之间相对距离(见图 4.4)为

$$D_{ij} = |\boldsymbol{P}_j - \boldsymbol{P}_i| = (x_j - x_i, y_j - y_i) \tag{4.2}$$

$$|D_{ij}| = \sqrt{(x_j - x_i)^2 + (y_j - y_i)^2} \tag{4.3}$$

相对速度(见图 4.4)可以表示为

$$\boldsymbol{V}_{ij} = |\boldsymbol{V}_j - \boldsymbol{V}_i| \tag{4.4}$$

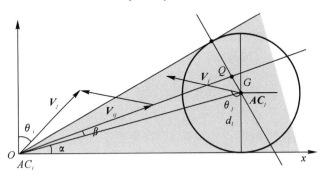

图 4.4 两机相对位置

令 $\boldsymbol{V}_{ij} = (\Delta v_x, \Delta v_y)$,则

$$\Delta v_x = \boldsymbol{V}_j \sin(\theta_j) - \boldsymbol{V}_i \sin(\theta_i) \tag{4.5}$$

$$\Delta v_y = \boldsymbol{V}_j \cos(\theta_j) - \boldsymbol{V}_i \cos(\theta_i) \tag{4.6}$$

因此,迫近率可用相对速度在航空器之间连线上的分量表示:

$$v_{ij}^p = |V_{ij}|\cos\beta = |V_{ij}|\cos(\angle(V_{ij},D_{ij})) = |V_{ij}|\frac{(V_{ij}\cdot D_{ij})}{|V_{ij}||D_{ij}|} = \frac{(V_{ij}\cdot D_{ij})}{|D_{ij}|} \quad (4.7)$$

易知,当$(V_{ij}\cdot D_{ij})>0$ 时为发散态势,当$(V_{ij}\cdot D_{ij})<0$ 为汇聚态势。

冲突发生的时间可以表示为

$$t = \frac{|P_j - P_i|}{|V_j - V_i|} = \frac{|D_{ij}|}{|V_{ij}|} \quad (4.8)$$

飞行状态网络中,冲突航空器之间的边权设置应同时考虑相对距离和相对速度,距离越近权重越大,迫近率越大权重越大,由于航空器间距离为 26 km 时构成连边,而且航空器速度一般不会高于 800 km/h,即迫近率最小为$-1\,600$ km/h,因此为保证边权不小于 1,加入了控制参数,具体边权设置如下:

$$\omega_{ij} = \frac{26}{|D_{ij}|}\left(2 + \frac{v_{ij}^p}{1\,600}\right) \quad (4.9)$$

4.2.2　飞行状态网络拓扑特性分析

1. 网络节点特性分析

对当前时间空域内一定高度层范围的航空器(x,y,z)进行建模,统计分析各指标的分布情况以及相应的网络特征。以某机场基准点为坐标原点,正东方向为 X 轴,建立三维空间坐标系。利用飞机实时雷达数据[飞机当前的位置(x,y,z)、速度(水平速度、垂直速度)],根据飞行状态网络的规则在软件中生成实时飞行状态网络,如图 4.5 所示。

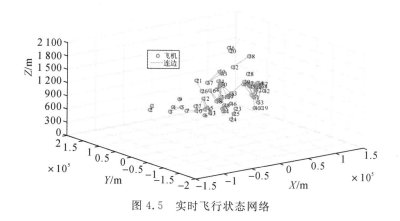

图 4.5　实时飞行状态网络

如图 4.5 所示,总共有 57 个节点,每个节点代表一架航空器,当航空器垂直距离小于 300 m,并且水平距离小于 26 km 时构成连边,建立当前的飞行状态网络。图 4.6 中分别给出了不同方向观测到的飞行态势,由于航空器之间的连接错综复杂,密度较高,尤其是图中画圈部分,难以从直观上判断当前飞行态势的准确情况。因此,研究中采用节点度、节点介数、节点强度和聚类系数 4 种常用的节点指标对上述飞行状态网络进行统计分析,挖掘网络中包含的深层次信息。

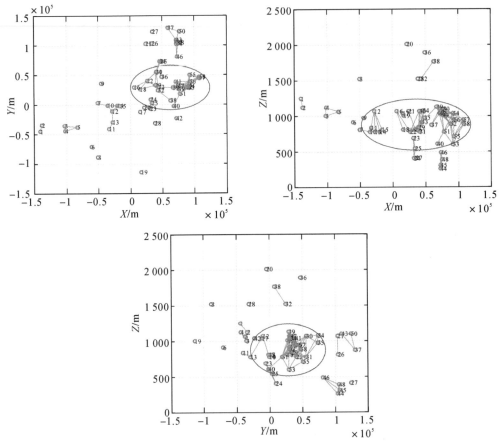

图 4.6　不同视角的飞行状态网络

下面对上述飞行状态网络中的节点属性进行分析。

1. 节点度

节点度越高,表示航空器周围飞机越多,通常也表示航空器重要度越大。对于终端区而言,由于机场容量及流量在同一时段内相对固定,且各管制扇区空域面积相差较大,因此,节点度较高的节点多分布在进近管制区和塔台管制区内。显然,在航空器密度较高的空域内,为保证飞行安全,管制员需要随时监控航空器动态,调配潜在的冲突,以避免各类间隔过小的事件发生。

图 4.7 展示了该飞行状态网络的节点度分布情况,可以看出,网络结构非常复杂,加上管制员冲突调配的能力和效率有限,当节点度过大时,对该节点进行调配将对网络造成巨大波动,甚至引起冲突链式反应,而图中部分节点(51、52、54、56)的度数已经超过 8,应特别关注这几个节点周围飞行态势的变化情况,以保证整个网络的安全有序运行。

2. 节点介数

网络中,一个节点到另一个节点如果必须经过某节点时,那该节点在网络中所处的地位就很重要,如图 4.8 所示,对该节点处的航空器进行"调配",则很容易将原网络结构破坏,得到多个非连通子图。因此,从节点介数的取值就可以快速识别出该网络中的"枢纽"节点。

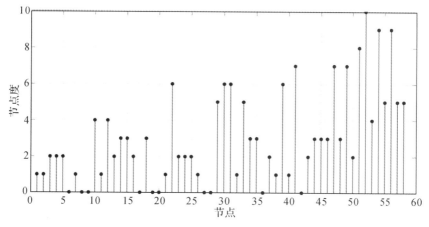

图 4.7　节点度分布

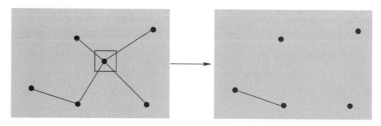

图 4.8　飞行调配

　　图 4.9 给出了当前飞行状态网络的节点介数分布,从图中可以看出,大多数节点介数取值为 0,这是因为飞行状态网络中航空器密度较小,整个网络由多个非连通子图组成,大部分节点之间并不存在路径连接。由此可见,使用节点介数对太分散的网络进行评价时,并不能突出节点特性,评价效果欠佳。

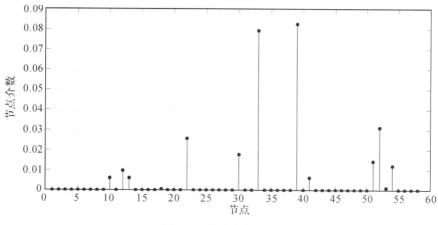

图 4.9　节点介数分布

3. 节点强度

节点强度分布如图4.10所示,与图4.7相比,节点强度的分布似乎比节点度更能清楚判断飞行状态网络中的关键节点(节点30、31),这是由于点强引入了航空器的速度以及位置信息,放大了潜在飞行冲突给网络带来的影响,航空器迫近率越高、相对距离越近,则对应节点的节点强度越高。

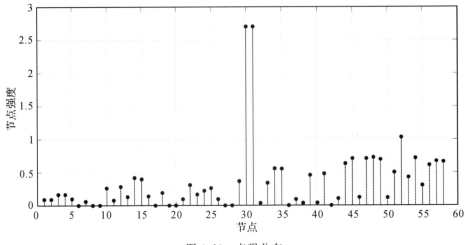

图4.10 点强分布

4. 聚类系数

聚类系数反映了节点周围相邻节点的聚集程度,能有效识别航空器群(簇),而从图4.11可知,该飞行状态网络拥有多组航空器群(簇),这会把管制员的注意力分散在多个目标上,对飞行安全造成不利影响。

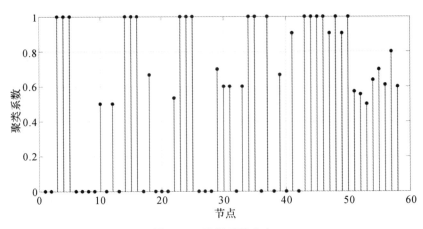

图4.11 聚类系数分布

从以上分析可以得出,节点30、31无论是节点度或是节点强度都处于较高水平,如图4.12和4.13所示,这两架航空器周围飞行环境相对复杂,潜在飞行冲突较多,更容易发生飞行安全事故。不难推断,如果这两架航空器在飞行中出现任何偏差,将对整个飞行状态网络的运行造成极大的安全隐患。因此,这两架航空器也是管制员需要重点监视的对象。

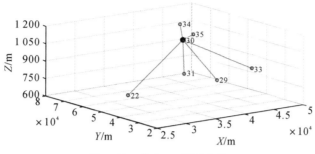

图 4.12　节点 30 周围态势

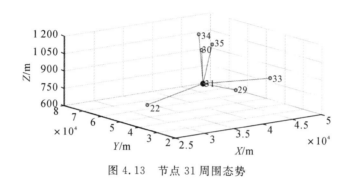

图 4.13　节点 31 周围态势

4.3　基于飞行状态网络的空中交通复杂性计算

航空器迫近效应充分考虑了航空器的位置、速度和航向信息,能够很好地反映航空器之间的微观关系。而分析飞行状态网络的复杂性时还需要对宏观的网络结构予以充分考虑,因此,本书引入网络效率(Network Efficiency)的概念,具体定义见 2.4.2 节,飞行状态网络连边的边权由式(3.8)可得,采用加权的网络效率表示飞行状态网络复杂性,具体公式如下:

$$C = \frac{1}{n(n-1)} \sum_{i \neq j} \frac{p_{ij}}{d_{ij}} \tag{4.10}$$

式中:p_{ij} 为最短路径 d_{ij} 所包含连边的边权(ω_{ij})之和。

4.3.1　算法流程

算法流程如图 4.14 所示。

(1)数据获取、预处理,消除不连续、不符合运动规律的轨迹。

(2)构建飞行状态网络,计算邻接矩阵,以及最短路径、边权。

(3)计算网络复杂度。基于复杂网络理论和航空器迫近效应,得到网络复杂度计算方法。

（4）仿真分析。通过软件仿真,证明所提方法的有效性。

（5）实例验证。通过昆明管制分区雷达数据,分析网络变化趋势,并与现有方法对比分析。

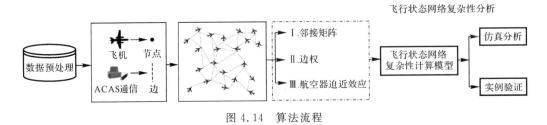

图 4.14　算法流程

4.3.2　仿真分析

根据飞行状态网络构建原则,在 100 km×100 km 范围内,利用 MATLAB 2016a 生成分别服从随机分布和正态分布的模拟飞行状态网络,如图 4.15 所示。其中飞机速度为 700～800 km/h,航向为 0～360°,并且服从随机分布。

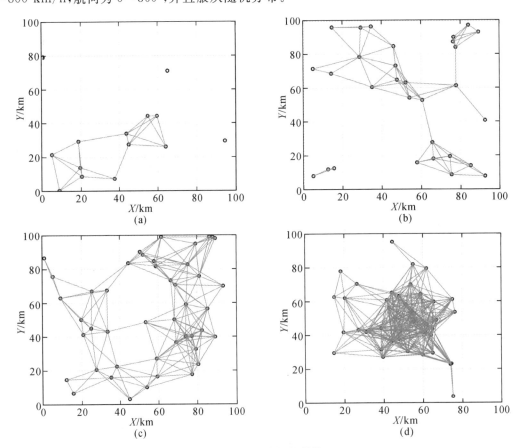

图 4.15　网络拓扑结构

(a)节点数=15;(b)节点数=30;(c)节点数=45;(d)节点数=45

图 4.15(a)~(c)分别为节点数 15、30、45 的随机分布网络,图 4.15(d)为节点数 45 的正态分布网络。各场景下网络复杂性计算结果见表 4.1。

表 4.1　各场景下网络复杂性计算结果

场　景	节点数	节点分布规则	网络复杂性
1	15	随机分布	0.36
2	30	随机分布	0.82
3	45	随机分布	2.11
4	45	正态分布	4.66

对比场景 1~3 中的数据可知,当节点分布规则一定时,随着节点个数的增加,网络复杂性随之增加;对比场景 3 和 4 的数据可知,当节点数相同时,正态分布下的网络复杂性明显高于随机分布。这符合实际情况,同时表明本章提出的空中交通复杂性计算方法能够较好地反映当前飞行态势。

以上针对静态的飞行状态网络复杂性进行了分析,后续将其应用于动态场景中,观察整个仿真过程中的网络复杂性变化。如图 4.16 所示,设置仿真场景为 6 架飞机分别位于正六边形空域的顶点,并向对侧飞行。空域边长为 30 km,飞机飞行速度为 600 km/h,易知在 24 s 时相邻飞机之间才构成连边,开始建立飞行状态网络,3 min 后飞机将全部汇聚在空域中心,在 6 min 后飞机将抵达目的地。整个飞行过程中不考虑飞机之间的冲突情况,仅分析网络复杂性曲线的变化规律。设定仿真步长为 1 s,不难得出,在第 180 个步长之前,网络的复杂性逐渐增加,并在第 180 步长时达到峰值,随后网络复杂性逐渐降低,直至第 360 步长时恢复原网络结构,并且复杂性变化趋势应左右对称。

图 4.16　初始飞行态势

飞行状态网络仿真过程中,随着时间的推进,飞机不断向空域中心靠近,会出现以下几种具有代表性的网络结构:

图 4.17 详细展示了整个仿真过程中网络复杂性曲线的变化趋势,可以发现复杂性曲线分别在 24 s、90 s 和 102 s 处出现拐点,对应图中的 A、B、C。这是由于在 24 s 处网络中节点间构成连边,如图 4.17(b)所示,复杂性值不再是 0;在 90 s 处,网络转变为图 4.17(c)中的结构,间隔一个节点的节点对之间也构成连边,网络复杂性突然升高;在 102 s 处,网络中所

有的节点均构成连边,因此也导致复杂性的突变,如图 4.17(d)所示,此时网络结构最为复杂,并且在该时间点后,复杂性曲线呈指数式上升。在到达 180 s 处之前,两机之间的距离 $\|\boldsymbol{D}_{ij}\|$ 不断趋于 0,因此在该时间点复杂性曲线达到峰值(无穷大)。180 s 后复杂性曲线变化趋势则与之前的相反。飞行状态网络复杂性演化过程如图 4.18 所示。

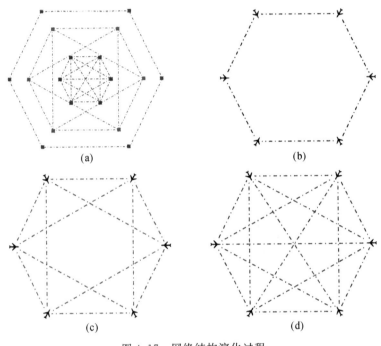

图 4.17　网络结构演化过程

(a)整体情况;(b)$t=24$ s(c)$t=90$ s(d)$t=102$ s

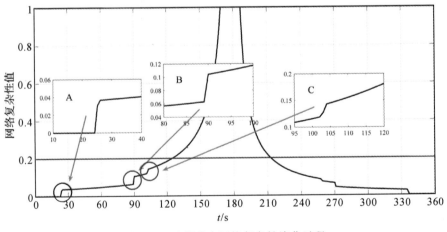

图 4.18　飞行状态网络复杂性演化过程

通过分析网络结构演化过程易知,网络中节点位置在到达空域中心前后完全对称,即当飞机与空域中心距离相同时,网络结构也相同,但是由于航空器迫近效应的影响,在飞机到达空域中心前,各飞机之间呈汇聚态势,飞机之间的迫近率 v_{ij}^{p} 大于 0,各节点之间的连边边权较大,而在所有航空器到达空域中心点后,汇聚态势转变为发散态势,此时迫近率 v_{ij}^{p} 小于 0,因此,在相同的网络结构下,右侧的网络复杂性曲线普遍低于左侧,这也比较符合管制工作实际。表 4.2 展示了部分时间点的网络复杂性监测结果。

表 4.2　部分时间点的网络复杂性监测结果

时间/s	复杂性	时间/s	复杂性	时间/s	复杂性	时间/s	复杂性
0	0	90	0.104 1	270	0.064 1	360	0
9	0	99	0.115 7	261	0.071 3	351	0
18	0	108	0.153 1	252	0.090 6	342	0
27	0.037 3	117	0.174 9	243	0.103 5	333	0.025 5
36	0.039 6	126	0.204 1	234	0.120 8	324	0.027 1
45	0.042 2	135	0.244 9	225	0.144 9	315	0.028 9
54	0.045 2	144	0.306 1	216	0.181 1	306	0.031 0
63	0.048 7	153	0.408 2	207	0.241 5	297	0.033 3
72	0.052 8	162	0.612 3	198	0.362 3	288	0.036 1
81	0.057 6	171	1.224 6	189	0.7246	279	0.039 4

4.3.3　实例验证

以昆明长水机场右跑道为中心点,正东方向为 X 轴,建立直角坐标系。昆明长水机场某日雷达数据见表 4.3。

表 4.3　昆明长水机场某日雷达数据

时　　间	航班号	二次雷达代码	机型	X 坐标/km	Y 坐标/km	高度/m	速度/(km·h^{-1})	航向/(°)	上升/下降率/(m·s^{-1})
2.01807E+13	CES5714	A6666	B737	−252 80	−443 34	1 524	870	288	0
2.01807E+13	CES5734	A7772	B733	−303 86	−355 54	914	740	264	0
2.01807E+13	FDX38	A0551	B77L	−41642	−188 62	1 067	870	95	0
2.01807E+13	KNA8035	A2126	B737	−137 48	−147 49	780	750	211	0
2.01807E+13	CES5736	A2125	B737	−175 97	−474	780	770	266	0

在空中交通管制的实际工作中,以上飞行态势信息都会显示在雷达控制屏幕上,如图 4.19 所示。屏幕上显示信息较多,当飞行流量较大时,管制员需要明确当前飞行态势的复杂程度,并采取相应的应对措施,以免发生安全事件。

雷达数据完整展示了当前时刻飞行状态网络中的航班信息,数据按照每 4 s 一次的频率进行刷新。对雷达数据按照时间顺序进行排序,删除个别不符合实际的数据(速度,高度,上升下降率等明显超出飞机性能限制）。利用飞机实时雷达数据［飞机当前的位置$(x，y)$、速度、航向］，根据飞行状态网络的规则可以在 MATLAB 2016a 中生成当前飞行状态网络，如图 4.20 所示。

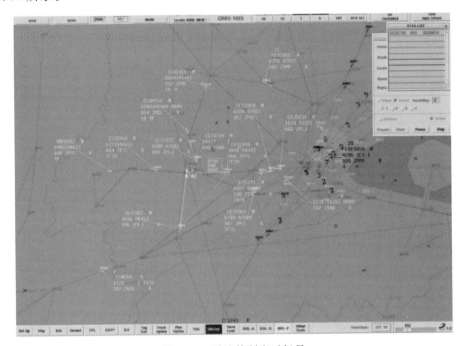

图 4.19　雷达管制实时场景

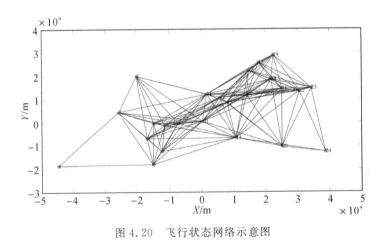

图 4.20　飞行状态网络示意图

　　对某时间段内昆明长水机场的实时监控雷达数据进行分析，每隔 5 min 给出当前飞行状态网络的复杂度值。查阅相关文献发现，部分文献中也用到了航空器迫近效应，并基于复杂网络的平均距离给出了网络复杂性计算模型，与实际数据对比后发现，该研究结果较为准确，很好地反映了空中交通复杂性变化趋势。因此加入了与应用相关文献方法得到的结果的对比，从而验证了方法的有效性。

如图 4.21 所示,将本书方法得出的结果与现有方法比较,大部分场景下的变化趋势保持一致,即能够较为准确地展示飞行状态网络的复杂性变化。同时,能关注到在场景 13、26、28 中,两种方法的评价结果有较为明显的差异,对数据进行分析可知,文献现有方法更注重对航空器对之间的复杂性进行累加,从而得到网络复杂性结果,而忽略了网络整体结构在其中产生的影响,因此导致计算结果稍有偏差。

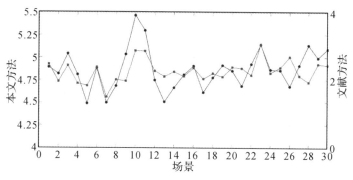

图 4.21　飞行状态网络复杂性分析

4.4　网络拓扑指标分析

前面的研究表明,对于给定的节点度量值,可以推测出哪种事件更有可能发生,从而得出关于增加不安全情况出现概率条件的见解,而不同指标从不同的角度对网络特征进行了描述。当前,基于复杂网络理论对空中交通的相关研究在指标选取时随意性较大,具体哪(几)种指标能很好地诠释节点在网络中的重要程度,现在还没有定论。本章将对飞行状态网络拓扑结构指标进行系统分析,提取出对网络全局影响较大的关键指标,为管制员作出合理判断提供参考。

4.4.1　网络拓扑指标的选取

在一个无向飞行状态网络 $G = \{V, E, W\}$ 中,飞机节点表示为 $V = \{v_i | i \in I, I = 1, 2, \cdots, N\}$,节点 v_i 与 v_j 之间存在连边 $E = \{e_{ij} = (v_i, v_j) | i, j \in I\} \subseteq V \times V$,$N$ 是节点数量,$\boldsymbol{A} = \{a_{ij}\}_{n \times n}$ 是网络的邻接矩阵,其中,元素 a_{ij} 可以表示为

$$a_{ij} = \begin{cases} 1, & (v_i, v_j) \in E \\ 0, & (v_i, v_j) \notin E \end{cases} \tag{4.11}$$

$\boldsymbol{W} = \{w_{ij}\}_{n \times n}$ 为网络的加权邻接矩阵,当节点之间不存在连边时,权值为无穷。下面选取部分能够反映静态网络复杂程度的拓扑指标,通过这些指标,映射空中交通复杂性,包括节点度、节点强度、聚类系数、节点介数、网络效率、网络鲁棒性、连接密度、最大连通子图以及网络结构熵等 9 个指标。其中,后 4 个指标的定义如下。

(1)网络鲁棒性(Network Robustness,NR)。

网络鲁棒性用于测量在移除任何节点之后保持网络中剩余节点之间的连通性的能力的平均影响,即删除任何节点后,网络中仍可连接的节点数与网络中节点总数之比的平均值。假设删除一个节点后,网络中剩余的节点集为 G_k,网络鲁棒性 NR 的计算公式为

$$NR = \frac{1}{n\ (n-1)} \sum_{i \in G_k} \sum_{j>i} a_{ij} \tag{4.12}$$

式中:n 代表剩余节点数量;a_{ij} 代表网络中节点之间的连接关系。

如果节点 v_i 与 v_j 之间有连接边,则 $a_{ij}=1$,否则 $a_{ij}=0$。

(2)连接密度(Connection Density,CD)。

在未加权网络中,连接密度是指网络中现有连边与可能存在的连边之间的比例。对于飞行状态网络,本文定义了加权连接密度:

$$CD = \frac{2 \sum_{i}^{n} \sum_{j}^{n} a_{ij} \omega_{ij}}{n(n-1)} \tag{4.13}$$

式中:n 是当前网络节点的总数。

可以看出,CD 越大,整体异构性越高,网络流量越大,网络结构越复杂。

(3)最大连通子图(Largest Component,LC)。

连通子图是网络整体中的一部分,其中所有节点之间都至少存在一条路径相连。如果网络是非连通的,它可以被分成两个或更多的子图。在这些子图中,包含节点数最多的子图就是最大连通子图:

$$LC = |S| \tag{4.14}$$

$|S|$ 是最大连通子图的大小。一般来说,最大连通子图中的节点越多,飞行状态网络的复杂度越高。

(4)网络结构熵(Network Structure Entropy)。

通常,把节点度与所有节点度之和的比值定义为节点重要度:

$$I_i = k_i / \sum_{j=1}^{N} k_j \tag{4.15}$$

引入网络结构熵来衡量飞机对整个交通状况的影响程度是否均匀。网络结构熵是衡量网络拓扑性质的宏观指标,描述了网络节点度的同质性和不同质性。

$$E_s = -\sum_{i=1}^{N} I_i \ln I_i \tag{4.16}$$

4.4.2 关键指标分析流程

为了确定飞行状态网络中的"关键指标",按照图 4.22 中的流程对各指标进行具体分析。

(1)构建飞行状态网络模型。

(2)按照规则,随机构建 200 个飞行状态网络,计算各指标取值并利用相关性分析和主

成分分析方法对指标进行初步分析。

(3)随机挑选一个飞行状态网络,以各指标为目标函数,分别进行节点重要度排序。

(4)根据节点重要度对节点删除过程中网络复杂性的变化趋势,挑选关键指标(降低最快的确定为关键指标)。

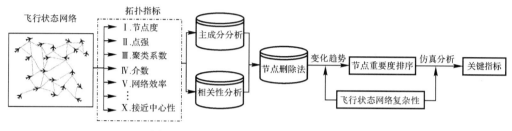

图 4.22 飞行状态网络关键指标分析流程

4.4.3 指标分析

变量间的相关性可以由多种统计值来确定,但是在确定两个数据集是否呈线性关系时,通常采用皮尔逊积矩相关系数(Pearson Product-Moment Correlation Coefficient,PMCC),其取值范围为 $[-1,1]$,用 ρ 来表示。两数据集之间的相关性越高,相关系数的绝对值越接近 1,反之,当 ρ 值接近于 0 时,说明两个指标之间无相关性。

$$\rho = \frac{\mathrm{Cov}(X,Y)}{\sqrt{\mathrm{Var}(X)\mathrm{Var}(Y)}} = \frac{E(X-\bar{X})(Y-\bar{Y})}{\sqrt{E(X-\bar{X})^2(Y-\bar{Y})^2}} \quad (4.17)$$

式中:E 代表数学期望;Cov 是协方差;Var 代表方差。

根据飞行状态网络构建原理,随机生成 200 个模拟飞行状态网络,网络中节点个数为 30~50。对指标计算结果进行相关性分析时,分析 4.4.1 节中各指标的定义可知,特征路径长度、接近中心性这两个指标都会面临非连通图发散的问题,因此不适合用来对网络整体性能进行评价。为减少工作量,仅给出其余指标计算结果,见表 4.4。

表 4.4 指标计算结果

场景	平均节点度	平均节点介数	平均聚类系数	网络效率	网络鲁棒性	最大连通子图	平均点强	加权连接密度	网络结构熵
1	3.844	0.021	0.674	0.234	0.087	42	7.178	0.008 34	1.744
2	2.911	0.040	0.728	0.195	0.066	33	6.603	0.012 51	1.375
3	4.222	0.026	0.687	0.240	0.096	44	7.982	0.008 44	1.815
4	3.667	0.027	0.629	0.228	0.083	36	5.737	0.009 11	1.490
5	3.178	0.047	0.750	0.194	0.072	31	4.536	0.009 76	1.294
6	3.978	0.026	0.728	0.235	0.090	38	7.282	0.010 36	1.577
7	3.400	0.045	0.714	0.204	0.077	35	6.027	0.010 13	1.435

续表

场景	平均节点度	平均节点介数	平均聚类系数	网络效率	网络鲁棒性	最大连通子图	平均点强	加权连接密度	网络结构熵
8	4.000	0.026	0.747	0.217	0.091	48	8.485	0.007 52	2.014
9	3.289	0.029	0.726	0.179	0.075	33	5.483	0.010 39	1.529
10	3.467	0.030	0.733	0.214	0.079	49	7.411	0.006 30	2.043
11	3.733	0.025	0.671	0.221	0.085	41	6.428	0.007 84	1.733
12	3.733	0.024	0.741	0.180	0.085	44	9.622	0.010 17	2.136
13	3.400	0.022	0.740	0.184	0.077	44	7.565	0.008 00	2.097
14	4.111	0.021	0.676	0.240	0.093	35	5.878	0.009 88	1.435
15	3.667	0.028	0.711	0.222	0.083	40	7.605	0.009 75	1.664
16	3.556	0.029	0.672	0.195	0.081	50	9.423	0.007 69	2.200
17	3.489	0.034	0.763	0.206	0.079	36	6.653	0.010 56	1.503
18	4.200	0.027	0.660	0.232	0.095	43	7.993	0.008 85	1.803
⋮	⋮	⋮	⋮	⋮	⋮	⋮	⋮	⋮	⋮
200	4.089	0.039	0.744	0.215	0.093	37	8.513	0.012 78	1.538

各数据存在数量级上的差异,对各指标进行 min-max 标准化:

$$b_{ij} = \frac{a_{ij} - a_{j\min}}{a_{j\max} - a_{j\min}} \tag{4.18}$$

利用 SPSS(Statistical Product and Service Solutions)软件对上述数据进行相关性分析,计算 PMCC 值,分析各指标之间相关性。相关性分析结果见表 4.4。

表 4.5　相关性分析结果

相关性	节点度	节点介数	聚类系数	网络效率	网络鲁棒性	最大连通子图	点强	加权连接密度	网络结构熵
节点度	1	0.362	0.738	0.893	1	0.586	0.572	0.572	0.525
节点介数	0.362	1	0.110	0.684	0.362	0.840	0.117	0.117	0.099
聚类系数	0.738	0.110	1	0.529	0.738	0.265	0.542	0.542	0.473
网络效率	0.893	0.684	0.529	1	0.893	0.844	0.425	0.425	0.358
网络鲁棒性	1	0.362	0.738	0.893	1	0.586	0.572	0.572	0.525
最大连通子图	0.586	0.840	0.265	0.844	0.586	1	0.226	0.226	0.182
点强	0.572	0.117	0.542	0.425	0.572	0.226	1	1	0.683
加权连接密度	0.572	0.117	0.542	0.425	0.572	0.226	1	1	0.683
网络结构熵	0.525	0.099	0.473	0.358	0.525	0.182	0.683	0.683	1

由表 4.5 中相关性分析结果可知,节点度和网络鲁棒性,点强和加权网络连接密度呈明显线性相关(相关系数绝对值最大为 1,并且绝对值越大,相关性越强),即所包含信息量完全相同,因此,在后续分析时可以减少指标的选取,减少工作量,本书研究中选取了网络鲁棒性和网络连接密度进行分析。从中还可以发现部分指标间相关性相对较大,比如网络效率和网络鲁棒性,网络效率和最大连通子图也呈现较强的相关性(相关系数均为 0.8 以上)。但是,具体哪(几)类指标所包含信息量较大,能够更有效体现网络综合性能,无法直接判断。

为了进一步确定剩余指标中包含的信息量,采用主成分分析法对其进行分析。主成分分析是数据分析中广泛应用的降维技术,这是将一组高维向量压缩成一组低维向量最佳的(就均方误差而言)线性方案。本书利用 SPSS 软件对数据集进行主成分分析。通过对数据集的分析,比较第一主成分中的指标系数,判断每个指标中包含的信息量。当主成分数设置为 1 时,分析结果见表 4.6。

表 4.6　公因子方差

指　　标	初始值	提取值
节点介数	1.000	0.409
加权聚类系数	1.000	0.421
网络鲁棒性	1.000	0.808
最大连通子图	1.000	0.726
加权连接密度	1.000	0.671
网络效率	1.000	0.951
网络结构熵	1.000	0.603

表 4.6 显示了本次主成分分析从各指标中提取的信息量,可以看出,网络效率和鲁棒性的提取值最高,节点介数和聚类系数则损失了大量信息。公因子方差(见表 4.7)是指主成分能够解释每个指标的程度,每个指标的初始值为 1,提取值越大,主成分对指标的依赖性就越大,一般当提取值小于 0.4 时,在后续分析中会将该指标省略。

表 4.7　公因子方差分析

成　　分	各因子的特征根		
	总　　计	变异的/(%)	累加/(%)
1	3.676	61.263	61.263
2	1.417	23.619	84.882
3	0.504	8.397	93.279
4	0.275	4.581	97.860
5	0.112	1.868	99.728
6	0.016	0.272	100.000

本章仅取第一主成分进行分析,其贡献值达到了 61.263%,可以反映初始变量的大部分信息,见表 4.8。

表 4.8 成分矩阵

指　标	成　分
节点介数	0.539
加权聚类系数	0.522
网络鲁棒性	0.899
最大连通子图	0.852
加权连接密度	0.795
网络效率	0.975
网络结构熵	0.723

表 4.8 为第一主成分对应的成分矩阵。该矩阵能反映各指标在第一主成分中的系数权重。从表 4.6 和 4.8 中可以看出,无论是提取值还是成分值,节点介数和聚类系数都小于其他 4 个指标。根据数据结果,将指标关键度排序为:网络效率＞网络鲁棒性＞最大连通子图＞连接密度＞网络结构熵＞聚类系数＞节点介数。

4.4.4　仿真实验

为了验证上述分析的准确性,随机生成一个节点数为 20 的模拟飞行状态网络,如图 4.23 所示。

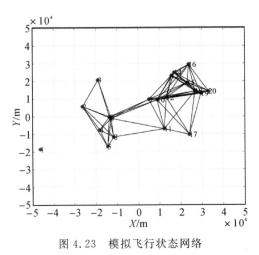

图 4.23　模拟飞行状态网络

以各指标为目标函数,对该模拟网络进行分析,分别给出对应的节点重要度排序,见表 4.9。

表 4.9　节点重要度排序

目标函数	节点重要度排序
节点介数	10＞12＞18＞7＞19＞6＞13＞2＞14＞8＞15＞11＞4＞16＞1＞3＞5＞9＞17＞20
聚类系数	3＞4＞5＞16＞20＞13＞14＞15＞19＞17＞2＞6＞12＞18＞8＞9＞7＞10＞11＞1
网络效率	10＞9＞11＞12＞18＞19＞2＞6＞7＞13＞14＞4＞15＞5＞16＞1＞3＞8＞17＞20
网络鲁棒性	10＞12＞18＞9＞19＞7＞13＞14＞15＞6＞16＞20＞11＞2＞8＞4＞5＞17＞3＞1
最大连通子图	9＞10＞5＞6＞2＞3＞4＞7＞11＞12＞13＞14＞15＞16＞17＞18＞19＞1＞8＞20
加权连接密度	7＞6＞18＞19＞13＞14＞10＞12＞15＞9＞20＞16＞8＞4＞5＞11＞2＞17＞3＞1
网络结构熵	7＞6＞2＞8＞10＞12＞9＞18＞17＞4＞13＞14＞15＞16＞3＞5＞11＞19＞20＞1

　　在上述网络中分别根据表 4.9 中的节点重要度排序进行逐个删除,并记录每一步后的网络复杂性值(该处网络复杂性为航空器迫近效应之和),可以绘制图 4.24 所示的对比曲线。

　　对比图中所有曲线可以看到,大多数情况下网络效率、网络鲁棒性、加权连接密度和最大连通子图的曲线位于其他曲线的下方,因此本章将以上 4 个指标定义为飞行状态网络关键指标体系。

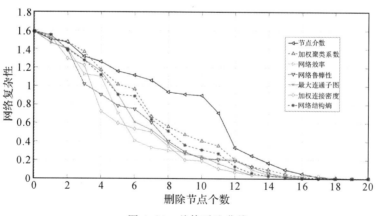

图 4.24　总体对比曲线

　　该结论与第 4.3.3 节的指标分析结果一致,网络效率、鲁棒性、最大连通子图和加权连接密度能够很好地反映飞行状态网络的复杂性,其中网络效率具有最高的适应度。然而,聚类系数、节点介数与网络复杂度之间几乎没有相关性。对网络拓扑指标的研究,为空中交通复杂性的研究开辟了新的思路,可以从多个角度分析网络整体状态,能够更准确地反映飞行状态网络复杂性,而且数据处理简单,降低了飞行态势获取的难度。

4.5 基于飞行状态网络和节点删除法的飞行调配策略

飞行状态网络关键航空器的识别是空中交通管理中非常重要的一个环节,目的是调配该节点处的飞机脱离当前网络,从而达到降低空中交通复杂性的目的。因此,充分了解空中飞行情况,为管制人员提供决策依据,采用节点删除法对节点重要度进行排序更具有实际意义。本章将针对飞行状态网络特征,根据复杂网络理论,参考现有的节点重要度评价方法,选取飞行状态网络关键指标——网络效率、网络鲁棒性、加权连接密度和最大连通子图作为评价指标体系。各指标的权重采用 AHP -熵权法确定,并引入 TOPSIS(Technique for Order Preference by Similarity to an Ideal Solution)方法对网络性能进行量化,然后利用节点删除方法确定关键冲突飞机。仿真分析结果表明,本章提出的方法能够较好地识别飞行状态网络中的关键冲突点。选定节点的调配不仅可以有效降低飞行状态网络的复杂度,还可以为空中交通管制服务提供参考,降低管制员的指挥难度。

4.4.1 节点删除法

节点删除法是系统科学分析中最具代表性的方法,它利用网络的联通性反映系统某种功能的完整性,将节点的重要性视为破坏性,通过度量节点删除后对网络整体性能的破坏程度来反映网络节点的重要程度。这种方法通过逆向思维的方式来评价节点对网络的影响。在本方案中,将复杂的雷达视图抽象、简化为多个节点相联系的飞行状态网络图,通过删除其中部分节点,分析其对剩余节点和整个网络的影响来找出该网络中的关键节点,从而达到仅调配某些关键节点(即关键航空器)来缓解整个网络(即空域压力)的目的。

节点删除法的工作流程如图 4.25 所示。

4.4.2 网络评估模型

1.指标选取

对应于某节点的网络性能是调配(删除)该节点后的网络性能,当一个节点从网络中移除时,需要对网络性能进行评估,以便得知它造成的破坏程度。网络整体性能的评估需要客观且全面,根据复杂网络中关键节点的现有识别方法和飞行状态网络的基本特征,选取网络效率、网络鲁棒性、加权连接密度和最大连通子图 4 个典型的整体性能指标作为评价指标体系,上述指标能够较好地体现飞行状态网络的复杂性,基本反映出静态网络性能的所有信息,能够客观评价飞行状态网络的关键节点,各指标定义以及计算方式已在第 2 章中给出。

2.AHP -熵权法

(1)AHP 方法。

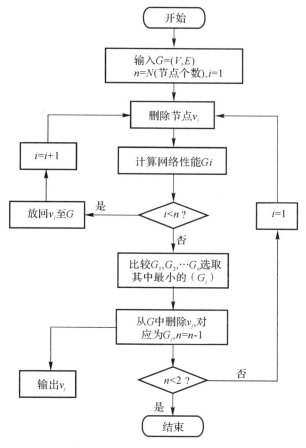

图 4.25　节点删除法的工作流程

根据所选网络拓扑指标对飞行状态网络关键节点的贡献程度进行成对比较。c_{ij} 表示指标 i 相对于指标 j 的重要程度,并构建判断矩阵。见表 4.10。

表 4.10　判断矩阵中 c_{ij} 的取值方法

标度 c_{ij}	i 与 j 相比重要程度
1	同等重要
3	i 稍重要
5	i 更重要
7	i 明显重要
9	i 极度重要
$1/c_{ij}$	重要度之比互为倒数

注:2、4、6 和 8 是两个相邻判断的中间值。

不一致性指标用 CI 计算,CI 越小,说明一致性越大,当大于 0.1 时,应重新调整判断矩阵,直到通过一致性检验为止。

$$CI = \frac{[\lambda_{max} - m]}{m - 1} \tag{4.19}$$

$$CR = \frac{CI}{RI} \tag{4.20}$$

式中：λ_{max} 为判断矩阵的最大特征值；m 为评价指标个数；RI 为平均随机一致性指标。RI 的取值与判断矩阵阶数有关，Saaty 提出的层次分析法已经给出部分矩阵阶数对应的 RI 值，见表 4.11。

表 4.11　RI 取值

矩阵阶数	1	2	3	4	5	6	7	8	9
RI	0	0	0.58	0.90	1.12	1.24	1.32	1.41	1.45

那么每个评估指标的权重可以表示为

$$W_j = \frac{x(j,d)}{\sum_{i=1}^{m} x(j,d)}, j = 1,2,\cdots,m \tag{4.21}$$

式中：x 是判断矩阵的特征向量矩阵；d 是最大特征值所在的列；W_j 是对应于指标 j 的权重。

（2）熵权法。

为了克服层次分析法的主观性和指标识别能力的不足，引入熵权法对结果进行修正。熵权法是根据各指标值的变化程度确定指标权重，是一种客观赋权方法，避免了人为因素造成的偏差。因此，采用熵权法对 AHP 法进行修正，使评价结果尽可能客观准确。算法步骤如下。

1）建立原始指标数据矩阵。

假设飞行状态网络中的飞机数量为 n，节点集为 N，$N = (N_1, N_2, \cdots, N_n)$，评价指标集为 S，$S = (S_1, S_2, \cdots, S_m)$。由它们构成的初始决策矩阵为 $\boldsymbol{G} = (g_{ij})_{n \times m}$。

$$\boldsymbol{G} = \begin{pmatrix} g_{11} & \cdots & g_{1m} \\ \vdots & & \vdots \\ g_{n1} & \cdots & g_{nm} \end{pmatrix} \tag{4.22}$$

其中，g_{ij} 为第 i 个节点的第 j 个指标的值。

2）标准化原始指标数据矩阵。

由于各数据间存在数量级的差异，指标采用 min-max 进行标准化：

$$b_{ij} = \frac{g_{ij} - g_{jmin}}{g_{jmax} - g_{jmin}} \tag{4.23}$$

$$c_{ij} = \frac{b_{ij}}{\sum_{i=1}^{n} b_{ij}} \tag{4.24}$$

将原始指标数据矩阵 $\boldsymbol{C} = (c_{ij})_{n \times m}$ 的各元素按上述公式标准化，得到决策矩阵。

3）计算信息熵 e。

$$e_j = -k \sum_{i=1}^{n} C_{ij} \ln C_{ij} \tag{4.25}$$

$$k = 1/\ln m \tag{4.26}$$

4)计算差异系数 d（信息效用值）。

$$d_j = 1 - e_j \tag{4.27}$$

利用熵权法,由式(4.27)计算可以得到第 j 个指标的差异系数 d_j。差异系数越大,指标越重要,对评价结果的影响越大。

5)修正 AHP 评价指标权重,并归一化,得到最终指标权重。

$$H'_j = W_j \times d_j, j = 1, 2, \cdots, m \tag{4.28}$$

$$H_j = \frac{H'_j}{\sum_{i=1}^{m} H'_j} \tag{4.29}$$

3. 基于 TOPSIS 的评价方法

由于本章的研究对象是删除不同节点后对网络的影响,所以将删除不同节点视为一种调配方案,然后将网络的评价指标视为每个调配方案的属性,从而将网络性能的评价转化为一个多属性决策问题评价,各方案的综合性能就是决策准则,而网络综合性能变化则可以通过 TOPSIS 方法获得。

由于初始决策决策矩阵 G 中各指标的量纲有差别,采用式(4.24)得到的标准决策矩阵 $C = (c_{ij})_{n \times m}$ 进行比较。由式(4.29)可知,第 j 个指标的权重为 $H_j(j = 1, 2, \cdots m)$，$\sum H_j = 1$，基于标准化决策矩阵 C,形成加权标准化矩阵:

$$Y = (y_{ij})_{n \times m} = (H_j c_{ij})_{n \times m} = \begin{pmatrix} H_1 c_{11} & \cdots & H_m c_{1m} \\ \vdots & & \vdots \\ H_1 c_{n1} & \cdots & H_m c_{nm} \end{pmatrix} \tag{4.30}$$

基于 TOPSIS 方法,根据矩阵 Y 确定正理想方案 A。A 中的元素是矩阵 Y 中每列的最大值。即所有方案中,按照 A 方案删除后,网络综合性能值的降低最小:

$$A = \{ \max_{i=1,2,\cdots,n} (y_{i1} \; y_{i2} \cdots \; y_{im}) \} = \{ y_{1\max}, \; y_{2\max}, \; \cdots, \; y_{m\max} \} \tag{4.31}$$

然后计算各方案 A_i 到正理想方案 A 的距离:

$$D_i = \sqrt{\left[\sum_{j=1}^{m} (y_{ij} - y_{j\max})^2 \right]} \tag{4.32}$$

D_i 越大,方案 A_i 与正理想方案 A 之间的距离越大,也就说明删除该节点后网络综合性能的变化越大,即对应的节点 v_i 越重要。

4.4.3 算法步骤

本节研究飞行状态网络模型识别关键冲突节点位置处的飞机,算法步骤如图 4.26 所示。

在基于飞行状态网络和节点删除法的关键航空器调配方案生成方法中,首先,利用层次分析法初步确定各指标的权重;其次,经过熵权法修正后得到最终指标权重;最后,由 TOPSIS 方法确定网络的综合性能,通过比较节点删除后网络性能的变化确定关键冲突节点。主要有以下 5 个步骤。

(1)构建飞行状态的加权网络。以飞机为节点,ACAS 通信距离内的飞机建立连边,边权由式(3.8)得出。

(2)计算拓扑指数。选择能够充分反映网络性能并评估网络的复杂网络拓扑指数。

(3)指标权重的确定。基于层次分析法,对各指标的权重进行初步分析和确定,并用熵权法进行修正。

(4)TOPSIS 方法。基于 TOPSIS 方法,计算飞行状态网络的综合性能。

(5)关键节点的识别。比较调配(删除)不同节点后网络的综合性能变化,确定需要调配的关键节点。

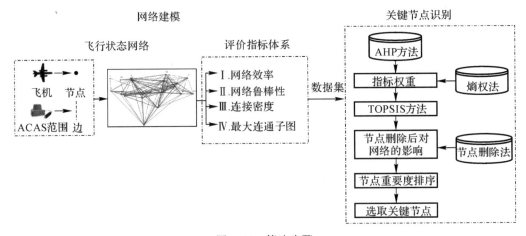

图 4.26　算法步骤

4.4.4　仿真分析

1.计算指标权重

根据 4.4.3 节对各指标的分析结果,可以初步判断各指标的重要程度,各指标对比结果见表 4.12。

表 4.12　各指标比较结果

C	CD	NE	NR	LC
CD	1	1/5	1/4	1/3
NE	5	1	3	3
NR	4	1/3	1	2
LC	3	1/3	1/2	1

因此,判断矩阵为

$$C=\begin{bmatrix} 1 & 1/5 & 1/4 & 1/3 \\ 5 & 1 & 3 & 3 \\ 4 & 1/3 & 1 & 2 \\ 3 & 1/3 & 1/2 & 1 \end{bmatrix} \tag{4.33}$$

由 AHP 方法得到权重向:$w_i=(0.070\ 8,0.514\ 1,0.251\ 4,0.163\ 7)$。由式(4.20)计算可知,CR$=0.033\ 3<0.1$,满足一致性检验。

为避免外界其他因素对结果造成干扰,采用熵权法修正时,随机选取 10 个相同空域内、不同日期、不同时刻的飞行状态网络,并分别计算得到差异系数,然后对这 10 组差异系数求平均值,得到最终的差异系数 d_j。最后,通过熵权法修正得到最终的权重向量 $v_i=(0.140,0.420,0.268,0.172)$,各指标权重值见表 4.13。

表 4.13　评价指标权重分布

指标	加权连接密度	网络效率	网络鲁棒性	最大连通子图
权重	0.140	0.420	0.268	0.172

2. 仿真分析

为了验证该方法的有效性,利用 Matlab 2016a 仿真生成一个包含 24 个节点的模拟飞行状态网络,并进行了测试,如图 4.27 所示。

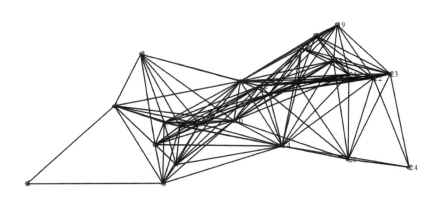

图 4.27　飞行状态网络拓扑结构仿真

同样,采用节点删除方法。首先,计算所有节点的重要性值,并选择最大值作为关键节点。其次,删除该节点,并重新计算每个节点的重要性值。通过类比,给出所有节点的重要性排序。排序结果见表 4.14。仿真中还给出了通过接近中心性、度中心性和现有方法获得的节点重要性排序结果。与本章所提的方法不同,参考现有方法采用"放回"的节点删除方法:在对删除节点后的网络性能评估后,将删除的节点放回原网络。

表 4.14　节点重要度排序

方法	节点重要度排序
接近中心性	12＞11＞10＞13＞14＞15＞6＞2＞5＞1＞4＞9＞7＞3＞8＞22＞23＞18＞21＞16＞17＞19＞20＞24
度中心性	11＞12＞13＞10＞14＞15＞2＞5＞22＞23＞18＞21＞4＞6＞8＞17＞9＞16＞20＞1＞3＞7＞19＞24
现有方法	10＞12＞15＞14＞16＞13＞11＞3＞4＞18＞7＞17＞21＞2＞22＞5＞20＞6＞23＞24＞19＞1＞9＞8
节点删除法	10＞14＞12＞15＞16＞13＞3＞11＞23＞17＞4＞1＞7＞18＞19＞24＞2＞5＞9＞6＞8＞20＞21＞22

　　对图 4.28 中的飞行状态网络关键节点(按照节点删除法得到排序前五的节点)进行调配,调配前后的网络结构对比如图 4.30(a)(b)所示。

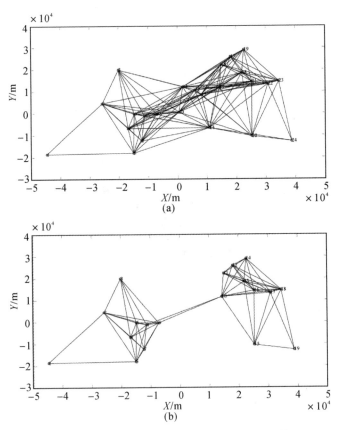

图 4.28　关键航空器调配前后网络结构的比较

(a)原始网络结构;(b)关键航空器调配后网络结构

　　根据节点删除方法、现有方法、接近中心性方法和度中心性方法的节点重要性排序,从飞行状态网络中进行调配时,各评估指标的变化趋势如图 4.29 所示。

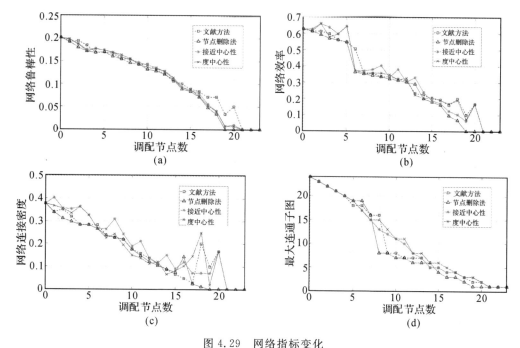

图 4.29　网络指标变化

(a)网络鲁棒性;(b)网络效率;(c)网络连接密度;(d)最大连通子图

　　从图 4.29 中可以看出,随着关键冲突节点飞机从网络中逐一调配过程的进行,模拟飞行状态网络的鲁棒性、效率、最大连通子图和连接密度持续下降。节点删除方法的曲线大部分都位于其他方法的曲线之下,即当调配相同数量的飞机时,节点删除方法对网络造成的影响更大。

　　为了进一步分析这种方法相较于其他方法的优势,根据不同方法的节点重要性排序对节点进行调配,并比较 4 种不同方法的整体性能曲线变化,如图 4.30 所示,随着调配节点数量的增加,每种方法的整体网络性能稳步下降。然而,当根据节点删除方法进行调配时,整体性能下降得明显更快。

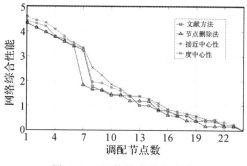

图 4.30　网络综合性能变化

飞机在不同程度上影响了整个空中交通状况,这也反映了节点之间不同的重要程度,这被称为非均匀网络。因此,引入网络结构熵来衡量飞机对整个交通状况的影响程度。网络结构熵是衡量网络拓扑性质的宏观指标,描述了节点度的同质性或异质性,网络结构熵越大,节点度的均匀性就越高。

$$E_s = -\sum_{i=1}^{n} I_i \ln I_i \tag{4.34}$$

$$I_i = k_i / \sum_{j=1}^{N} k_j \tag{4.35}$$

式中:E_s 为飞行状态网络的结构熵;n 为飞机数量;I_i 为飞行器 i 的节点度(k_i)与所有节点度之和的比值。

图 4.31 展示了当根据不同方法对节点重要性进行排序时,节点调配过程中网络结构熵的变化。从图中可以看出,当调配前 10 个节点时,各方法没有展现出较大的差异。而从第 11 个节点调配开始,本书提出的节点删除方法显示出了其优势,网络结构熵迅速减小。

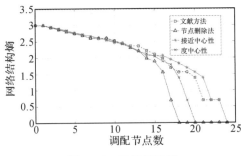

图 4.31　网络结构熵

3. 实例分析

在空中交通管制的实际工作中,空域内的所有飞行情况都显示在雷达监视屏幕上,利用雷达数据对飞行状态网络进行建模,可以恢复当前的雷达屏幕信息。为了进一步验证本章关键冲突节点飞机识别方法的有效性和实用性,以昆明长水机场终端区雷达数据为样本进行分析。随机选择一段时间内的雷达数据,每隔 5 min 记录一次,如图 4.32 所示。

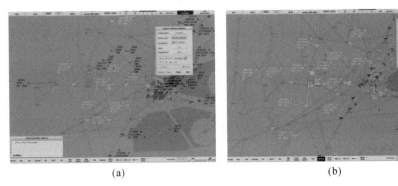

(a)　　　　　　　　　　　　　(b)

图 4.32　雷达管制实时场景
(a)$t=2$ min 30 s;(b)$t=7$ min 30 s

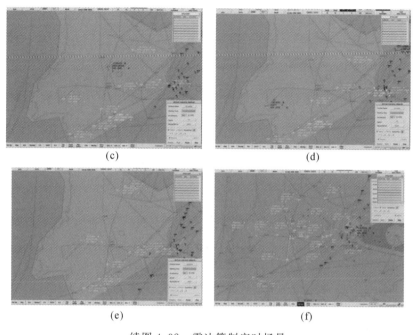

续图 4.32　雷达管制实时场景

(c)$t=12$ min 30 s;(d)$t=17$ min 30 s;(e)$t=22$ min 30 s;(f)$t=27$ min 30 s

　　根据上面提出的方法,对不同场景下的飞行状态网络进行建模分析,图 4.33 显示了不同场景下的关键冲突节点飞机识别结果。

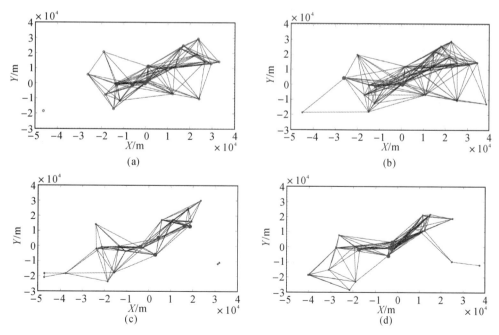

图 4.33　不同时间段的飞行状态网络

(a)$t=12$ min 30 s;(b)$t=7$ min 30 s;(c)$t=12$ min 30 s;(d)$t=17$ min 30 s

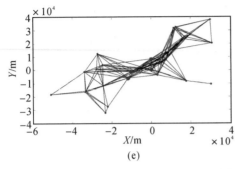 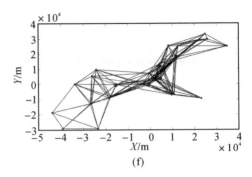

(e)
(f)

续图 4.33　不同时间段的飞行状态网络

(e)$t=22$ min 30 s；(f)$t=27$ min 30 s

图 4.33 中较大的点代表关键的冲突飞机。由图 4.33 可以看出,各飞行态势下的 5 个关键节点中大部分分布在空域中心的进近扇区内。各关键节点都位于靠近网络结构中心的位置,构成连边的邻居节点较多,即节点度较高,这些节点状态的变化将对网络产生巨大影响。如图 4.33(a)中,甚至 5 个关键节点全部聚集在网络中心位置。此外,即使少数关键节点并不位于最靠近中心的位置,但它们有一个共同的特征:周围飞机密度较高,飞行态势复杂,且飞机之间的距离较小,即连边的权重非常大。本章提出的关键冲突飞机识别方法很好地捕捉到了这些节点的特征,同时反映出该方法综合考虑了网络的宏观和微观两个层面,验证了方法的有效性和准确性。

表 4.15 为通过不同方法对节点重要度进行排序,调配前 5 个关键节点后的网络复杂性变化。显然,在每个场景中,通过节点删除方法调配后的网络复杂性最小。图 4.34 为关键冲突飞机的节点识别。

表 4.15　关键节点航空器调配前后的网络复杂性比较

时　间	初始复杂性值	调配 5 个关键节点后的网络复杂性值			
		接近中心性	度中心性	现有方法	节点删除法
2 min 30 s	5.5	3.76	3.56	3.36	3.32
7 min 30 s	5.8	5.01	3.92	3.79	3.76
12 min 30 s	5.3	3.62	3.34	3.44	3.23
17 min 30 s	5.4	3.90	3.73	3.62	3.44
22 min 30 s	5.6	3.86	3.65	3.61	3.56
27 min 30 s	5.7	3.84	3.96	3.82	3.73

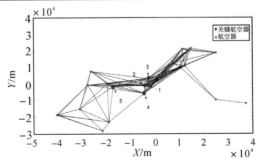

图 4.34　关键冲突飞机的节点识别

表 4.16 给出了 17 min 30 s 时关键冲突飞机的识别结果。这 5 架关键飞机的其他指标得分情况见表 4.16,每架飞机的节点度均超过 10,加权聚类系数最小为 0.661 8,最大为 0.928 6。可以看出,这 5 架飞机周围的飞行环境非常复杂,关键冲突飞机周围的飞机数量庞大,并且距离较近。其中,排名第 3 的飞机的节点度虽然略小于第 4 架飞机,但节点强重、加权聚类系数和节点介数都较大,因此,该飞机位置更重要。如果管制员不注意这些关键飞机的监视和调配,很容易引起其与周围飞机的冲突。

表 4.16　节点指标得分

排　序	节点度	点强	加权聚类系数	节点介数
1	18	2.742 1	0.712 4	0.029 8
2	18	2.434 7	0.712 4	0.011 4
3	16	1.842 9	0.800 0	0.026 5
4	17	1.223 0	0.661 8	0.020 0
5	13	0.461 6	0.928 6	0.013 2

图 4.35 根据节点重要程度给出了 27 min 30 s 时的空中交通态势。如果该飞机没有被正确引导,将很容易发生飞行冲突,整个空域的安全状况将被破坏。图中每个点代表一架飞机,不同深浅的颜色代表节点的重要性不同,管制员可以直观地获得当前空域的情况信息,减轻监视压力。

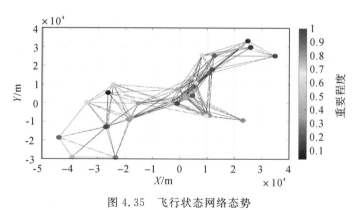

图 4.35　飞行状态网络态势

4.5　本章小结

随着航空业的不断发展,无论是军事训练飞行还是民航运输飞行,对空域资源都有着极大的需求,空域环境也日趋复杂,传统的管制指挥模式已经显得捉襟见肘。本章充分利用现有的雷达轨迹数据,对空中交通态势进行详细分析,主要研究工作包括以下内容:

(1)引入复杂网络理论,以飞机为节点,飞机与飞机之间距离小于阈值时构成连边,建立飞行状态网络,对常用网络拓扑指标进行介绍。为了对空中交通复杂性进行定量分析,结合航空器迫近效应和复杂网络相关理论,给出当前空中交通态势复杂度计算方法,不同场景下的大量仿真实验表明,该计算方法能够较好地识别空中交通态势,为管制员更好地掌握飞行动态提供辅助决策支持,降低监视难度。

(2)统计分析了飞行状态网络中节点度、节点介数、点强、聚类系数的网络拓扑特征,对常用指标间的相关性进行分析,并在主成分分析法的基础上利用节点删除法确定了飞行状态网络关键指标体系,利用 AHP -熵权法确定各关键拓扑指标权重,通过节点删除法识别对网络结构影响较大的关键冲突飞机节点。试验结果表明,本章所提方法准确、有效,能够快速降低网络复杂性,为飞行冲突调配方案的生成提供理论依据。

参 考 文 献

[1] MAJUMDAR A,OCHIENG W Y. The factors affecting air traffic controller workload:a multivariate analysis based upon simulation modelling of controller workload. [J]. Transportation Research Record Journal of the Transportation Research Board,2002,1788(1):58 - 69.

[2] HISTON J M,HANSMAN R J,AIGOIN G,et al. Introducing structural considerations into complexity metrics[J]. Air Traffic Control Quarterly,2002,10 (2):115 - 130.

[3] 徐肖豪,黄宝军,舒勤. 基于内禀属性的扇区复杂性评估[J]. 中国民航大学学报,2013,31(2):22 - 28.

[4] 王红勇,赵嶷飞,王飞. 空中交通管制扇区复杂度评估研究[J]. 交通运输系统工程与信息,2013,13(6):147 - 153.

[5] 张进,胡明华,张晨. 空中交通管理中的复杂性研究[J]. 航空学报,2009,30(11):2132 - 2142.

[6] 张进,胡明华,张晨,等. 空域复杂性建模[J]. 南京航空航天大学学报,2010,42 (4):454 - 460.

[7] 张晨,胡明华,张进,等. 基于交通复杂性的扇区资源管理[J]. 南京航空航天大学学报,2010,42(5):607 - 613.

[8] 叶博嘉,胡明华,张晨. 基于交通结构的空中交通复杂性建模[J]. 交通运输系统工程与信息,2012,12(1):166 - 172.

[9] 赵嶷飞,刘文,王红勇. 基于 K-means 的空中交通流模式识别[J]. 科学技术与工程,2014,14(27):301 - 303,309.

[10] WANG H Y,SONG Z Q,WEN R Y. Study on evolution characteristics of air traffic situation complexity based on complex network theory [J]. Aerospace Science and Technology,2016,58:518 - 528.

[11]　李善梅，徐肖豪，王超,等. 基于灰色聚类的交叉航路拥挤识别方法[J]. 西南交通大学学报，2015，50(1)：189－197.

[12]　李桂毅，胡明华，郑哲. 基于FCM－粗糙集的多扇区交通拥挤识别方法研究[J]. 交通运输系统工程与信息，2017，17(6)：141－146.

[13]　袁从灏，李宁，牛科. 基于聚类和相关性分析的交通拥堵状况分析[J]. 北京信息科技大学学报(自然科学版)，2018，33(3)：36－41.

[14]　ZHU X, CAO X B, CAI K Q. Measuring air traffic complexity based on small samples[J]. Chinese Journal of Aeronautics, 2017, 30(4)：1493－1505.

[15]　MORONE F, MAKSE H A. Influence maximization in complex networks through optimal percolation.[J]. Nature, 2015, 524(7563)：527－544.

[16]　LU L, CHEN D, REN X L. Vital nodes identification in complex networks[J]. Physics Reports, 2016, 650：60－63.

[17]　李昌超，康忠健，于洪国，等. 基于PageRank改进算法的电力系统关键节点识别[J]. 电工技术学报，2019，34(9)：1952－1959.

[18]　耿子惠,崔力民,舒勤. 基于TOPSIS算法的电力通信网关键节点识别[J]. 电力系统保护与控制，2018，46(1)：78－86.

[19]　陈雯柏，崔晓丽，郝翠，王文凯. 一种物联网系统层次型抗毁性拓扑构建方法[J]. 北京邮电大学学报，2018，41(5)：107－113.

[20]　NI S J, WENG W G, ZHANG H. Modeling the Effects of Social Impact on Epidemic Spreading in Complex Networks[J]. Physica A, 2011, 23：4528－4534.

[21]　Shang Y L. Subgraph robustness of complex networks under attacks[J]. IEEE Transactions on Systems, Man, and Cybernetics：Systems, 2017, 49(4)：821－832.

[22]　CHEN D B, LV L, SHANG M S. Identifying influential nodes in complex networks[J]. Physical A, 2012, 391：1777－1787.

[23]　NICOLAS K, THARAKA A, RAMANUJA S,et al. Identifying high betweenness centrality nodes in large social networks[J]. Soc Netw Anal Mining ,2013, 3(4)：899－914.

[24]　LIU J, HOU L, ZHANG Y L. Empirical analysis of the clustering coefficient in the user-object bipartite networks[J]. International Journal of Modern Physics C, 2014, 24(8)：1350－1355.

[25]　BORGATTI S P, MEHRA A J, BRASS D J, et al. Network analysis in the social sciences[J]. Science, 2009, 323：892－895.

[26]　COSTA L D F, OLIVEIRA O N, TRAVIESO G. Analyzing and modeling real-world phenomena with complex networks：a survey of applications[J]. Advances in Physics, 2011, 60(3)：329－412.

[27]　谭跃进，吴俊，邓宏钟. 复杂网络中节点重要度评估的节点收缩方法[J]. 系统工程

理论与实践,2006,26(11):79-83.

[28] 朱涛,张水平,郭戎潇. 改进的加权复杂网络节点重要度评估的收缩方法[J]. 系统工程与电子技术,2009,31(8):1902-1905.

[29] 张旭,袁旭梅,袁继革. 基于加权改进节点收缩法的供应链网络节点重要度评估[J]. 计算机应用研究,2017,34(12):3801-3805.

[30] 洪增林,刘冰砚,张亚培. 复杂网络在交通网络节点重要度评估中的应用[J]. 西安工业大学学报,2014(5):404-410.

[31] 王力,于欣宇,李颖宏. 基于FCM聚类的复杂交通网络节点重要性评估[J]. 交通运输系统工程与信息,2010,10(6):169-173.

[32] CUI Y Z, WANG X Y, LI J Q. Detecting overlapping communities in networks using the maximal sub-graph and the clustering coefficient[J]. Physical A, 2014, 405:85-91.

[33] 周漩,张凤鸣,周卫平. 利用节点效率评估复杂网络功能鲁棒性[J]. 物理学报, 2012 (61):201-207.

[34] 周漩,张晋武. 一种复杂加权网络节点重要度评估方法[J]. 兵工学报,2015(增刊):268-273.

[35] 南栋卿. 复杂网络中关键节点的识别研究[D]. 吉林:吉林大学,2016.

[36] 关雅文. 复杂网络中关键节点的查找方法研究[D]. 大连:大连理工大学,2016.

[37] 蔡俊卿. 复杂网络中关键节点组的挖掘与应用[D]. 成都:电子科技大学,2018.

[38] REN G, ZHU J, LU C. A measure of identifying influential waypoints in air route networks[J]. Plos One, 2018, 13(9):1-19.

[39] WEN X, TU C, WU M. Node importance evaluation in aviation network based on "no return" node deletion method[J]. Physica A, 2018, 503:546-559.

[40] WEN X, TU C, WU M. Fast ranking nodes importance in complex networks based on LS-SVM method[J]. Physical A, 2018, 506:11-23.

[41] WANG J S, WU X P, YAN B, et al. Improved method of node importance evaluation based on node contraction in complex networks[J]. Procedia Eng, 2011, 15:1600-1604.

[42] CHEN R F, ZHONG Z D, CHANG C Y. Performance analysis on network connectivity for vehicular ad hoc networks[J]. Int J Ad Hoc Ubiquitous Comput, 2015, 20:67-77.

[43] GANESH B. Analysis of the airport network of India as a complex weighted network[J]. Physica A, 2008, 387:2972-2980.

[44] CORLEY H W, SHA D. Y. Most vital links and nodes in weighted networks[J]. Oper Res Lett, 1982, 1:157-160.

[45] SATHI M. Fuzzy programming technique for solving the shortest path problem on

networks under triangular and trapezoidal fuzzy environment[J]. Int J Math Oper Res，2015，7：576 - 594.

[46] ALI E，ZAHRA K，HAMIDREZA A. Particle swarm optimization algorithm for solving shortest path problems with mixed fuzzy arc weights[J]. Int J Appl Dec Sci，2015，8：203 - 222.

[47] DANIELE F，PAOLA F，FRANCESCA G. The constrained shortest path tour problem[J]. Comput Oper Res，2016，74：64 - 77.

第5章 管制-飞行状态相依网络构建与应用

管制员与空中的航空器是整个管制系统的主体和关键,二者之间存在着复杂关系:空中的航空器之间存在冲突关系;管制员与航空器之间是指挥与被指挥的关系;管制员之间又存在着管制移交关系。为了直观描述它们之间的关系,本章引入相依网络理论,将管制扇区、航空器抽象为网络节点,以连边表示它们之间的相互关联情况。通过对相依网络的分析来描述管制系统的运行态势,通过网络的演化分析来预测未来的态势发展,辅助管制员对未来情况进行预判。

5.1 引　　言

空中交通管理系统是保证空中飞行安全的重要工具,空管部门通过空域管理、空中交通服务和空中交通流量管理等子系统共同为飞行员提供各类服务与保障,提高飞行的安全性。管制系统示意图如图5.1所示,在众多保障人员中,只有管制员会与飞行员进行直接沟通,有些关键信息也只能通过管制员向飞行员传递。可以说在整个管制系统中管制员和航空器是最基础、最关键的组成部分,管制员担负着保障飞行安全的主要责任。在愈发复杂的空中交通环境下,管制员所承受的压力也急剧增大。无论是军航管制员还是民航管制员,如若负荷量超过了管制员所能承受的负荷极限,管制员对一些正处于"潜在冲突"的航空器的洞察力将会下降,从而带来巨大的安全隐患。

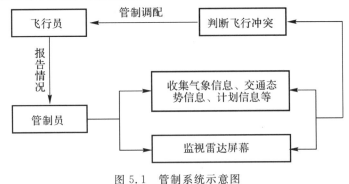

图 5.1　管制系统示意图

如果能够将管制系统的运行情况准确地提供给管制员,那么管制员对整体管制形势的洞察力和把控能力将得到提高,有效提高飞行的安全性。为达到这一目的,本章引入态势感知这一概念。态势感知一词最早来源于航天飞行的人因研究,它对能够引起系统运行态势变化的要素进行获取、理解、评估、显示的一种方法,相较于传统的监测评估手段,态势感知最大的优势在于其宏观性、全面性、动态性和预见性。准确掌握管制系统运行态势,可为飞行冲突的早期预警和预先调配提供决策支持和参考依据。

对管制系统运行而言,其安全性涉及的因素非常广泛,包括管制员的工作情况,设备状况,天气因素等,如果全面考虑将会是一个非常复杂的系统工程问题。本章仅考虑管制系统中的核心——管制员与航空器之间的关系,来评估管制系统的运行态势。

基于以上考虑,本章引入相依网络概念,构建管制-飞行状态相依网络,从复杂、科学的角度尝试去理解管制系统的运行情况,并期望通过对其分析来克服管制系统运行状态的判断及演化等难题,为航空器防相撞、扇区划分以及冲突解脱等研究提供有力的支撑,有效降低管制员的工作负荷,减少人为差错,保证管制系统的安全顺畅运行。

5.2　管制-飞行状态相依网络模型的建立及特性分析

5.2.1　相依网络理论

相依网络理论由复杂网络理论引申而来。在复杂网络中,网络基本都是单层的,而在现实生活中,网络却不是单独存在的,每个网络与其他网络间都存在着某种关联,于是,各子网络间存在相依性这种特性的相依网络应运而生。相较于一般的复杂网络,相依网络有一些其特有的性质。在节点这一方面,复杂网络中所有节点的类型都是相同的,而在相依网络中,同一子网络中的节点类型相同,而不同子网络中的节点类型不同。在连边这一方面,在复杂网络中,所有节点间均以同一种规则或概率相连,而在相依网络中,存在两种类型的连边——层内连边和层间连边,且不同子网络内的层内连边以及层间连边的构成方式互不相同,子网络内的层内连边表示的是层内所有节点间的相互关系,各子网络间的层间连边表示的是各子网络之间的相互关系。图 5.2 所示是相依网络的一种简化模型,在该模型中,黑色实心圆和黑色空心圆分别代表两层子网络内的节点,黑色实线圆弧和黑色虚线圆弧分别代表两层子网络内节点的连接方式,线代表子网络间各节点的连接方式。

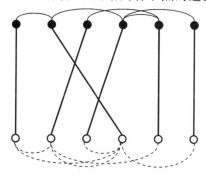

图 5.2　相依网络简化模型

5.2.2 管制-飞行状态相依网络模型

若某网络内部的多层网络间存在相依性,则该网络被称作相依网络。

飞行状态网络中,距离较近的航空器之间可能存在冲突关系,飞行员之间可通过无线电进行交流。管制网络中,相邻扇区之间存在移交关系,管制员需要通话来移交航空器的管制权。两层网络间,飞行员需要听从管制员的指挥才能保证空中交通的安全。飞行状态网络和管制网络相互耦合所构成的网络中,两层网络的节点类型不同且网络间存在强依赖关系,因此该网络属于相依网络。

为了研究方便,本章对模型中的一些方面进行了简化假设:

(1)由于本章基于未来航迹运行和自由飞行普遍应用的环境展开讨论研究,因此在飞行状态网络中,不考虑航空器的高度信息,只考虑飞行状态网络的二维状态信息。

(2)在实际中,管制扇区的形状和高度对管制移交没有影响,所以本章用方形区域来表示管制扇区。

1. 管制网络

飞行状态网络的构建与第 4 章相同,这里主要介绍管制扇区网络的构建。管制扇区是飞行管制的基本单位。本章为研究军航大规模起降时管制系统的运行态势,对管制网络 G_2 以 9 个方形管制扇区的几何中心为节点,以扇区之间的移交关系为边,是一个无向无权网络。扇区节点的编号以及各管制节点间的连接方式如图 5.3 所示。

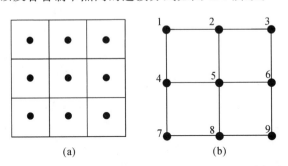

(a)   (b)

图 5.3 扇区节点的编号以及各管制节点间的连接方式

(a)管制扇区划分;(b)管制节点编号及其连边关系

2. 管制-飞行状态相依网络

一个单层网络通常被描述为一个包含节点 $O = \{o_i, i = \{1,2,3,\cdots,n\}\}$,连边 $U = \{u_{ij} \neq 0, o_i \in O, o_j \in O\}$ 的集合,即 $G = (O,U)$,网络中各元素之间的关系可以由邻接矩阵 $\mathbf{A} = (a_{ij})_{n \times n}$ 表示,n 为网络中的节点个数。

$$a_{ij} = \begin{cases} 1, \text{节点 } i \text{ 与节点 } j \text{ 存在连边} \\ 0, \text{节点 } i \text{ 与节点 } j \text{ 不存在连边} \end{cases} \tag{5.1}$$

多层网络并不是多个单层网络的简单集合,其中既包含各层网络已有的信息,同时又包含各网络层之间的连接关系,可以表示为 $M=(O,R)$,其中 $\zeta=\{G^{\alpha}\,|\,\alpha=1,2,\cdots,n\}$ 为单层网络 $G^{\alpha}=(O^{\alpha},U^{\alpha})$ 的集合,$R=\{U^{\alpha\beta}\,|\,\alpha,\beta=\{1,2,\cdots,n\},\alpha\neq\beta\}$ 为 α 层中节点与 β 层中节点连边的集合。层间的邻接矩阵表示为

$$a_{ij}=\begin{cases}1,\alpha \text{ 节点 } i \text{ 与 } \beta \text{ 层中节点 } j \text{ 直接相连}\\0,\alpha \text{ 节点 } i \text{ 与 } \beta \text{ 层中节点 } j \text{ 不直接相连}\end{cases} \tag{5.2}$$

管制员工作时,不仅要对本扇区内的航空器进行实时监控与指挥,还要时刻注意相邻扇区的航空器及其可能带来的安全隐患,所以相邻扇区的航空器节点也会对本扇区的管制节点造成影响。因此,每个管制节点都与本扇区内及相邻扇区的航空器节点构成外边连接,而对于每个航空器节点,则与所属扇区和相邻扇区的管制节点构成外边连接。

如图 5.4 所示,上层为飞行状态网络 G_1,下层为管制网络 G_2,G_2 中的每个管制节点都负责管辖 G_1 中的若干架航空器,层内连边关系如黑色实线所示,层间连边关系如虚线所示。G_1 中的实线表示航空器之间的冲突影响情况,G_2 中的实线表示管制扇区之间移交关系,而层间的虚线则表示管制员对航空器的指挥和调配,只有在管制节点都正常工作时航空器才能进行正常飞行。

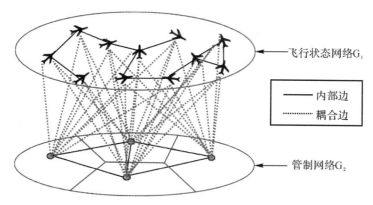

图 5.4　相依网络示意图

在管制-飞行状态相依网络中,不同的航空器会对管制员造成不同的影响。若一架航空器四周短距离内有许多架航空器,局部网络非常密集,则该航空器指挥调配起来就较为困难,对管制员的影响程度就较大;相反,如果一架航空器处于一个很松散的局部网络内,周围很大范围内都没有航空器,则该航空器对管制员的影响程度就很小。因此,本节将外边进行加权,用来表示航空器对管制员的影响程度。

管制节点与本扇区内航空器节点间的外边权重为航空器节点的管制难度,即

$$W'_{ij}=q_i \tag{5.3}$$

通常情况下,管制员对相邻扇区的航空器只进行监控,不进行指挥调配,关联程度较弱,所以本节将管制节点与相邻扇区的航空器节点之间在正常情况下的外边权重设为

$$W''_{ij}=0.1q_i \tag{5.4}$$

式(5.3)和式(5.4)中:i 为航空器节点;j 为管制节点。

5.2.3 仿真场景

为了验证算法的有效性,本节对战时军航自由飞行的场景进行仿真,该仿真场景具有一定的代表性。在一片进近管制空域中,存在航空器分布不均匀的情况。为了贴合实际情况,本节在 300 km×300 km 的范围内,通过 MATLAB 软件随机生成 50 架航空器,每架航空器的速度在 600 km/h 到 800 km/h 之间随机取值,航向任意,航空器位置分布、编号和连边关系以及各航空器的扇区分属情况如图 5.5 所示,各管制扇区的编号在各方形区域的右下角。在实际场景中,可能有某一片空域航空器非常密集,如图 5 号管制扇区;也有可能某一片空域中航空器极其稀少,如 1 号和 7 号管制扇区;特殊的孤立航空器节点(如 11 号)在现实中也是有可能出现的。

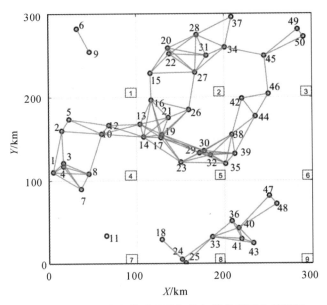

图 5.5　编号和连边关系以及各航空器的扇区分属情况

根据层内和层间的连边及边权的设置方式,将两个单层网络以及整个相依网络的部分加权邻接矩阵展示。

(1)飞行状态网络的加权邻接矩阵。

该矩阵为 50×50 矩阵,表示两架航空器之间的权重。

$$\boldsymbol{A}_{G_2} = \begin{bmatrix} 0 & 1.03 & 3.19 & 3.70 & \cdots & 0 \\ 1.03 & 0 & 1.34 & 1.21 & \cdots & 0 \\ 3.19 & 1.34 & 0 & 12.88 & \cdots & 0 \\ \vdots & \vdots & \vdots & \vdots & & \vdots \\ 3.70 & 1.21 & 12.88 & 0 & \cdots & 0 \end{bmatrix} \tag{5.5}$$

(2)管制网络的邻接矩阵。

该矩阵为 9×9 矩阵,表示各管制节点之间的相连关系。

$$\boldsymbol{A}_{G_2} = \begin{pmatrix} 0 & 1 & 0 & 1 & 0 & 0 & 0 & 0 & 0 \\ 1 & 0 & 1 & 0 & 1 & 0 & 0 & 0 & 0 \\ 0 & 1 & 0 & 0 & 0 & 1 & 0 & 0 & 0 \\ 1 & 0 & 0 & 0 & 1 & 0 & 1 & 0 & 0 \\ 0 & 1 & 0 & 1 & 0 & 1 & 0 & 1 & 0 \\ 0 & 0 & 1 & 0 & 1 & 0 & 0 & 0 & 1 \\ 0 & 0 & 0 & 1 & 0 & 0 & 0 & 1 & 0 \\ 0 & 0 & 0 & 0 & 1 & 0 & 1 & 0 & 1 \\ 0 & 0 & 0 & 0 & 0 & 1 & 0 & 1 & 0 \end{pmatrix} \tag{5.6}$$

（3）相依网络的邻接矩阵。

该矩阵为 59×59 的矩阵，可将其分为 4 块，分别为左上、右下、左下和右上。其中，左上方的 50×50 矩阵为飞行状态网络的加权邻接矩阵，右下方的 9×9 矩阵为管制网络的邻接矩阵，左下方和右上方的矩阵互为转置矩阵，均表示相依网络层间连边的权重。

$$\boldsymbol{A}_G = \begin{pmatrix} 0 & 1.03 & \cdots & 0 & 2.85 & 0 & \cdots & 0 \\ 1.03 & 0 & \cdots & 0 & 1.60 & 0 & \cdots & 0 \\ \vdots & \vdots & & \vdots & \vdots & \vdots & & \vdots \\ 0 & 0 & \cdots & 0 & 0 & 2.31 & \cdots & 0 \\ 2.85 & 1.60 & \cdots & 0 & 0 & 1 & & 0 \\ 0 & 0 & \cdots & 2.31 & 1 & 0 & \cdots & 0 \\ \vdots & \vdots & & \vdots & \vdots & \vdots & & \vdots \\ 0 & 0 & \cdots & 0 & 0 & 0 & \cdots & 0 \end{pmatrix} \tag{5.7}$$

5.2.4　仿真分析

1. 单个节点特性分析

下面从度、点强以及加权聚类系数这 3 个方面来进行分析。

（1）度。

在相依网络中，节点的度可分为内度与外度之和。内度即与该节点相连的同一层网络中的节点个数。在飞行状态网络中，航空器节点的内度表示与该航空器之间可能存在安全风险的航空器数量。单从内度这个角度来看，航空器内度越大，其安全风险越高。在管制网络中，管制节点的内度表示与该管制扇区存在移交关系的扇区个数，内度越大，则该管制员与相邻扇区通信联系的工作负荷越大。外度即与该节点相连的不同层网络中的节点个数，航空器节点的外度主要表示与地面通信时可供其选择的管制扇区数量，而管制节点的外度表示能够与其直接通信的航空器数量。节点 i 的度 k_i 可表示为

$$k_i = k_{i1} + k_{i2} \tag{5.8}$$

式中:k_{i1} 为节点 i 的内度;k_{i2} 为节点 i 的外度。

将相依网络中各节点的度进行计算,结果见表5.1。

表 5.1 节点度的数值

航空器节点编号	1	2	3	4	5	…	48	49	50
节点度	9	9	9	9	7	…	5	5	5
管制节点编号	1	2	3	4	5	6	7	8	9
节点度	18	24	19	23	37	29	14	25	16

如图 5.6 所示,编号 1~50 代表 1~50 号航空器节点,编号 51~59 代表 1~9 号管制节点,可知,管制节点的度普遍高于航空器节点的度,这是因为管制员需要联系的单位多于飞行员,飞行员的主要工作在于驾驶航空器。而管制节点中,5 号管制节点的度最高,这是因为 5 号管制扇区的相邻扇区数最多,管辖空域内航空器的数量最多且空域复杂性较高。

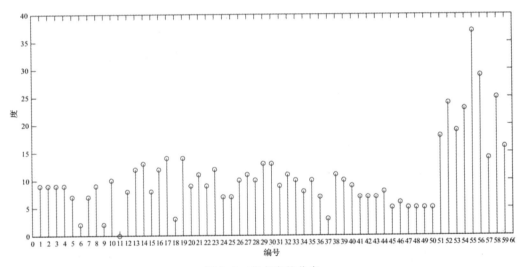

图 5.6 节点度的分布

(2)点强。

加权的节点度之和即是节点点强 s_i。点强在度的基础上进行了加权,不仅能够反映与其相连节点的数量,还能反映相邻节点对其造成影响的总量。由式(5.3)和式(5.4)可知,层间连边的权重由飞行状态网络确定,所以航空器节点的点强反映了该航空器与其周围航空器的冲突情况,管制节点的点强可用来表示管制员工作负荷的大小。其表达式为

$$s_i \sum_{i=1}^{iv} \alpha_{ij}\omega_{ij} \tag{5.9}$$

式中:α_{ij} 表示两节点的连接关系,若相连,则 $\alpha_{ij}=1$,否则 $\alpha_{ij}=0$。

计算各节点点强的数值,结果见表5.2。

表 5.2　节点点强的数值

航空器节点编号	1	2	3	4	5	…	48	49	50
点强/($\times 10^4$)	0.086	0.028	3.45	3.60	0.019	…	0.034	0.057	0.057
管制节点编号	1	2	3	4	5	6	7	8	9
点强/($\times 10^4$)	0.079	0.829	0.138	7.179	12.56	0.307	0.10	1.391	0.548

如图 5.7 所示,编号 1~50 代表 1~50 号航空器节点,编号 51~59 代表 1~9 号管制节点。在飞行状态网络中,只有 3、4、17、19 号航空器节点的点强较高,说明这几架航空器周围的空情较为复杂,管制员需要花更多的精力来关注这几架航空器的飞行状态;在管制网络中,5 号管制节点的点强远远高于其他节点的点强,在一定程度上可以反映出 5 号管制扇区的管制员的负荷较大,可以考虑缩小 5 号扇区的范围或者增派管制员来降低管制员的平均负荷。

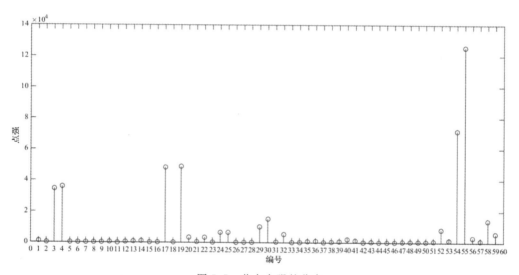

图 5.7　节点点强的分布

(3)加权聚类系数。

某一节点的所有邻居节点间实际相连的边数与理论上最多能够相连边数的比值叫做节点聚类系数。而加权聚类系数 $c(i)$ 还考虑了节点间的权重,两节点间距离越近,权重越大,对加权聚类系数的贡献越大。航空器节点的加权聚类系数表示该航空器的周围航空器的聚集程度,管制节点的加权聚类系数表示该管制扇区以及相邻扇区内所有航空器的聚集程度,加权聚类系数越大,聚集程度越高。其表达式为

$$c(i) = \frac{1}{(k_i - 1)s_i} \sum_{n_1, n_2} \frac{\omega_{in_1} + \omega_{in_2}}{2} \cdot a_{in_1} a_{n_1 n_2} a_{n_2 i} \tag{5.10}$$

式中:n_1,n_2 分别为节点 i 的两个相邻节点;a_{ij},$j \in (n_1, n_2)$ 表示两节点的连接关系,若相连,则 $a_{ij} = 1$,否则 $a_{ij} = 0$。

计算各节点加权聚类系数的数值,结果见表 5.3。

表 5.3　节点加权聚类系数的数值

航空器节点编号	1	2	3	4	5	⋯	48	49	50
加权聚类系数	0.921	0.870	0.925	0.925	0.910	⋯	0.966	0.965	0.965
管制节点编号	1	2	3	4	5	6	7	8	9
加权聚类系数	0.298	0.297	0.278	0.333	0.311	0.277	0.388	0.278	0.368

如图 5.8 所示,编号 1~50 代表 1~50 号航空器节点,编号 51~59 代表 1~9 号管制节点。航空器节点的加权聚类系数普遍高于管制节点,这是因为管制节点连接的航空器节点数量过多,而这些航空器节点又分布在不同的的扇区,彼此之间相连的并不多,使得所有管制节点的加权聚类系数都较低。11 号航空器节点的加权聚类系数为 0,而在图 5.8 中,11 号航空器节点属于孤立点,所以该结果与图 5.8 相符,而 36 号航空器节点的加权聚类系数较高,这也与图 5.8 中 36 号航空器节点周围其他航空器节点的聚集程度较高的情况相符。

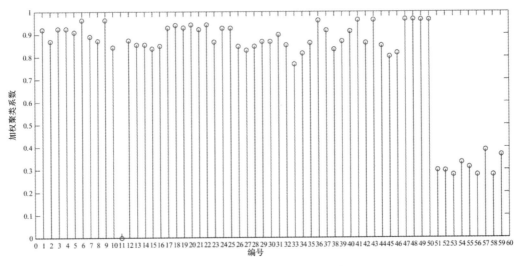

图 5.8　节点加权聚类系数的分布

2. 整体网络特性分析

首先假设若干管制扇区失能,然后研究在这几种不同的情况下整个网络的特性。

在一般的相依网络中,若有节点失效,会导致整个网络发生级联失效,而在空管系统中,若有管制扇区出现意外情况使得其效能降低,无法正常工作,扇区内的航空器并不会随之消失,只是处于一种无人管控的状态,这时就需要将这些航空器进行分流,暂时交给相邻扇区的管制员进行管制指挥。因此,本节选取了一块地区中 4 个地理位置特征明显的扇区,使其分别发生失能现象,根据就近原则,规定管制扇区失能后航空器的分流规则,如图 5.9 所示。

下面从网络效率和鲁棒性两个角度来分析相依网络的特性。

(1)网络效率。

网络效率反映了网络的连通程度。任意 2 个节点间的效率表示为 2 个节点之间距离的

倒数,而整个网络的效率为任意 2 个节点间效率的平均值,表示网络中任意一点联系到另一点需要的平均中转次数。其表达式为

$$NE = \frac{1}{N(N-1)} \sum_{i \neq j} \frac{1}{d_{ij}}$$

(5.11)

式中:NE 为网络效率;d_{ij} 为节点 i 和节点 j 间的最短路径。

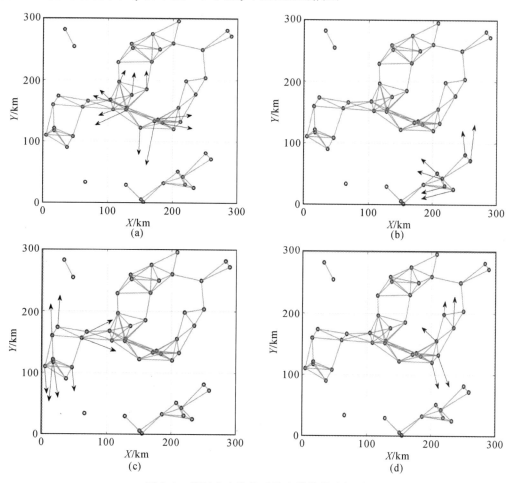

图 5.9　管制节点失能后航空器的分流规则

(a) 5 号管制节点失能;(b) 9 号管制节点失能;(c) 4 号管制节点失能;(d) 6 号管制节点失能

(2)鲁棒性。

鲁棒性是指控制系统在一定(结构、大小)的参数摄动下,维持其他某些性能的特性。在本节中,将鲁棒性定义为:删除任意节点后,网络中仍可连接的节点数与网络中总节点数之比,鲁棒性计算公式为

$$NR = \frac{1}{n(n-1)} \sum_{i \in O'} \sum_{j > i} a_{ij}$$

(5.12)

式中:NR 为鲁棒性;O' 为删除节点后所有剩余节点的集合;a_{ij} 表示两节点的连接关系,若相连,则 $a_{ij}=1$,否则 $a_{ij}=0$。

由网络效率和鲁棒性的定义可知,这两项指标均可表示管制网络对飞行状态网络的控制力度,网络效率和鲁棒性越高,控制力度就越强。整个相依网络的网络效率和鲁棒性在 5 种不同情况下的数值见表 5.4。

表 5.4　整个相依网络的网络效率及鲁棒性数值

管制节点状态	正常情况	5 号失能	9 号失能	4 号失能	6 号失能
网络效率	0.194 6	0.179 0	0.190 3	0.179 8	0.184 5
鲁棒性	0.856 1	0.768 3	0.847 4	0.788 5	0.836 6

将两项指标的变化情况制成柱状图,如图 5.10 所示。场景 1 表示正常情况,场景 2 表示 5 号管制节点失能,场景 3 表示 9 号管制节点失能,场景 4 表示 4 号管制节点失能,场景 5 表示 6 号管制节点失能。

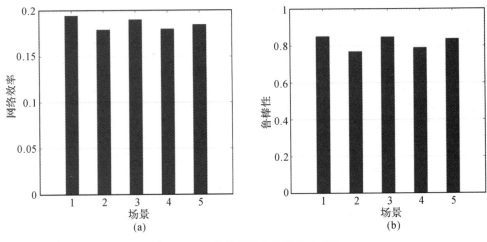

图 5.10　网络效率及鲁棒性变化情况
(a)网络效率的变化;(b)鲁棒性的变化

场景 2、3、4 分别表示 3 种类型的管制节点失能,它们分别具有 4 个、2 个和 3 个相邻管制节点。纵向比较这两幅图的场景 1、2、3、4 可以发现,这两项指标的变化大致呈现出相同的规律:当出现节点失能的情况时,节点的网络效率和鲁棒性都要低于正常值,这说明管制节点失能使得管制网络对飞行状态网络的控制力度有所减弱,而相邻的节点越多的节点失能,网络效率和鲁棒性降低越多,说明失能节点所处地域越重要,管制网络对飞行状态网络的控制力度减弱得越多。

场景 4 和 5 分别表示 4 号和 6 号管制节点失能,它们的相邻管制节点数均是 3 个。横向比较场景 1、4、5 可以发现,虽然相邻节点数相同,但 4 号扇区内航空器的数量明显比 6 号扇区多,分布的密集程度也比 6 号扇区大,所以 4 号节点失能时管制网络对飞行状态网络的控制力度减弱程度较大。

5.3　基于支持向量机的管制系统运行态势评估

5.3.1　指标选取

根据相依网络的构建原理,随机生成 300 个模拟的相依网络模型,每个网络中航空器节点的数量为 40～80,从相依网络的拓扑指标中挑选出 9 个常用的指标,计算结果见表 5.5。

表 5.5　常用指标计算结果

场景	平均节点度	平均点介数	平均加权聚类系数	网络效率	网络鲁棒性	最大连通子图	平均点强	网络密度	网络结构熵
1	9.643	0.031	0.701	0.281	0.079	43	70.632	2.083	1.324
2	9.526	0.045	0.747	0.263	0.084	72	82.427	1.142	2.369
3	9.218	0.042	0.712	0.248	0.076	56	49.092	0.843	1.592
4	9.237	0.029	0.754	0.237	0.086	65	53.734	0.964	1.649
5	9.581	0.036	0.844	0.268	0.081	49	57.789	1.845	1.849
6	9.594	0.035	0.932	0.282	0.097	57	71.628	1.476	1.654
⋮						⋮			
298	9.423	0.042	0.825	0.243	0.081	69	64.622	0.933	1.725
299	9.701	0.046	0.881	0.257	0.075	73	68.427	0.882	1.783
300	9.345	0.038	0.723	0.255	0.083	70	41.503	0.771	1.861

各指标的数据不在同一个数量级上,对各指标数据进行标准化处理:

$$b_{ij} = \frac{a_{ij} - a_{j\min}}{a_{j\max} - a_{j\min}} \tag{5.13}$$

本节采用皮尔逊积矩相关系数(Pearson Product-moment Correlation Coefficient,PMCC)来判断各指标数据集之间是否为线性关系。该系数用 ρ 来表示,取值范围为 $[-1,1]$。若两个数据集之间的相关性越高,则 $|\rho|$ 越接近 1,反之,若两个数据集之间相关性越低,则 $|\rho|$ 越接近 0。

$$\rho = \frac{\mathrm{Cov}(X,Y)}{\sqrt{\mathrm{Var}(X)\mathrm{Var}(Y)}} = \frac{E(X-\bar{X})(Y-\bar{Y})}{\sqrt{E(X-\bar{X})^2(Y-\bar{Y})^2}} \tag{5.14}$$

式中:E 为数学期望;Cov 为协方差;Var 为方差。

使用 SPSS 软件对上述指标数据进行相关性分析,计算各指标的 PMCC 值,分析各指标两两之间的相关性。相关性分析结果见表 5.6。

表 5.6 相关性分析结果

相关性	平均节点度	平均节点介数	平均加聚类系数	网络效率	网络鲁棒性	最大连通子图	平均点强	网络密度	网络结构熵
平均节点度	1	0.659	0.771	0.792	0.548	0.354	0.787	0.762	0.419
平均节点介数	0.659	1	0.749	0.614	0.388	0.418	0.576	0.658	0.792
平均加权聚类系数	0.771	0.749	1	0.650	0.582	1	0.475	0.619	0.774
网络效率	0.792	0.614	0.650	1	0.637	0.527	0.398	0.463	0.716
网络鲁棒性	0.548	0.388	0.582	0.637	1	0.453	0.816	0.626	0.458
最大连通子图	0.354	0.418	1	0.527	0.453	1	0.647	0.772	0.456
平均点强	0.787	0.576	0.475	0.398	0.816	0.647	1	0.790	0.665
网络密度	0.762	0.658	0.619	0.463	0.626	0.772	0.790	1	0.678
网络结构熵	0.419	0.792	0.774	0.716	0.458	0.456	0.665	0.678	1

由表 5.6 可知,平均加权聚类系数和最大连通子图呈明显线性相关,相关系数为1,说明这两项指标所包含的信息完全相同,因此,为减少不必要的工作量,在后面的工作中,放弃最大连通子图这项指标。在剩余的 8 项指标中,为了进一步分析这些指标中包含的信息量是否足够,判断其能否体现整个相依网络的综合性能,本章采用主成分分析法进行分析。主成分分析是一种在数据分析领域中广泛应用的降维技术,能够有效地将一组高维向量降维压缩成一组低维向量。本节利用 SPSS 软件对数据集进行主成分分析,通过比较第一主成分中的指标系数来判断各指标中所包含的信息量。将主成分数设置为1,各指标的分析结果见表 5.7。

公因子方差表示主成分能够解释每个指标的影响程度,每个指标的初始值为1,提取值越大,主成分对指标的依赖性就越强。由表 5.7 可以看出,网络效率的提取值最高,网络结构熵的提取值最低。

表 5.7 公因子方差

指 标	初始值	提取值
平均节点度	1.000	0.859
平均节点介数	1.000	0.659

指　　标	初始值	提取值
平均加权聚类系数	1.000	0.808
网络效率	1.000	0.921
网络鲁棒性	1.000	0.773
平均点强	1.000	0.821
网络密度	1.000	0.886
网络结构熵	1.000	0.618

由主成分分析得到的各指标的特征值及贡献率见表 5.8。

表 5.8　各指标的特征值及贡献率

主成分	特征值	贡献率/(%)	累计贡献率/(%)
1	4.659	64.236	64.236
2	1.269	21.067	85.303
3	0.854	7.216	92.519
4	0.256	3.156	95.675
5	0.165	2.979	98.654
6	0.015	1.346	100

本节取贡献率最高(64.236%)的第一主成分进行分析,得到第一主成分对应的成分矩阵,该矩阵可以反映出各指标在第一主成分中所占权重,见表 5.9。

表 5.9　成分矩阵

指　　标	成　　分
平均节点度	0.839
平均节点介数	0.613
平均加权聚类系数	0.789
网络效率	0.895
网络鲁棒性	0.689
平均点强	0.802
网络密度	0.872
网络结构熵	0.587

综合表 5.7 和表 5.9 可以看出,平均节点介数、网络鲁棒性和网络结构熵这 3 项指标,无论从提取值还是从成分值来看,都低于其他 5 项指标,因此将其舍弃。根据数据结果,挑

选出关键程度前五的指标——网络效率、网络密度、平均节点度、平均点强和平均加权聚类系数，为后续分析提供理论支撑。

（1）平均节点度。

航空器节点的度为与该航空器之间可能存在安全风险的航空器数量和与地面通信时可供其选择的管制扇区数量之和。管制节点的度为与该管制扇区存在移交关系的扇区数量和能够与其直接通信的航空器数量之和，平均节点度则是所有节点的度的平均值，其数值可以反映管制系统中平均每架航空器周围与其存在冲突的航空器数量以及每位管制员需要监视的航空器数量。

$$\bar{k} = \frac{1}{N}\sum_{i=1}^{N} k_i \tag{5.15}$$

式中：$\bar{k}$ 为平均节点度；N 为总节点数；k_i 为单个节点度。

（2）平均点强。

节点的点强不仅能够反映与其相连节点的数量，还能反映其相邻节点对其造成的总影响。平均点强则是所有节点点强的平均值，其数值可以反映管制系统中飞行员和管制员承受的平均压力，用公式表示为

$$\bar{s} = \frac{1}{N}\sum_{i=1}^{iv} a_{ij}\omega_{ij} \tag{5.16}$$

式中：$\bar{s}$ 为平均点强；a_{ij} 表示两节点的连接关系，若相连，则 $a_{ij}=1$，否则 $a_{ij}=0$；ω_{ij} 表示节点 i 与节点 j 之间的边权。

（3）平均加权聚类系数。

某一节点的所有邻居节点间实际相连的边数与理论上最多能够相连边数的比值叫做节点聚类系数。而加权聚类系数还考虑了节点间的权重，两节点间距离越近，权重越大，对加权聚类系数的贡献越大。航空器节点的加权聚类系数表示该航空器的周围航空器的聚集程度，管制节点的加权聚类系数表示该管制扇区以及相邻扇区内所有航空器之间的聚集程度，加权聚类系数越大，聚集程度越高，表达式为

$$c(i) = \frac{1}{(k_i-1)s_i}\sum_{n_1,n_2}\frac{\omega_{in_1}+\omega_{in_2}}{2}\cdot a_{in_1}a_{n_1n_2}a_{n_2i} \tag{5.17}$$

式中：n_1,n_2 分别为节点 i 的 2 个相邻节点。平均加权聚类系数则是所有节点加权聚类系数的平均值，其数值可以反映管制系统中航空器的聚集程度，表达式为

$$\bar{c} = \frac{1}{N}\sum_{i=1}^{iv} c(i) \tag{5.18}$$

式中：$\bar{c}$ 为平均加权聚类系数。

（4）网络密度。

网络密度是网络中的连边与理论上最多连边数的比值，在此处，边数为层内连边与层间连边之和，其数值可以反映管制系统的饱和程度，用公式表示为

$$ND = \frac{2L}{N(N-1)} \tag{5.19}$$

式中：ND 为网络密度；L 为网络中实际存在的连边数。

（5）网络效率。

网络效率反映了网络的连通程度。任意 2 个节点间的效率表示为 2 个节点之间距离的倒数,而整个网络的效率为任意 2 个节点间效率的平均值,表示网络中任意一点联系到另一点需要的平均中转次数,其数值可以反映管制系统中管制员对空中航空器的整体管控力度,其表达式为

$$NE = \frac{1}{N(N-1)} \sum_{i \neq 1} \frac{1}{d_{ii}} \tag{5.20}$$

式中:NE 为网络效率;d_{ij} 为节点 i 和节点 j 间的最短路径。

5.3.2　管制系统运行态势评估

在机场区域,随着航空器数量变化,管制系统的运行态势也会随之改变。本章在相依网络模型的基础上,采用 5 项网络指标描述运行态势,再使用支持向量机(Support Vector Machine,SVM)分类模型对管制系统不同情况下的运行态势进行评估与划分。

1. SVM 评估原理

对于管制系统而言,运行态势好和运行态势差是比较容易判断的,难以判断的是运行态势的顺畅度下降的情况,因而本章引入支持向量机这一方法,来对运行态势下降的程度进行判断。

以二维空间为例,超平面表示为

$$g(\boldsymbol{x}) = \boldsymbol{w} \cdot \boldsymbol{x} + b \tag{5.21}$$

对于网络的分类结果认定为 $\{+1, -1\}$,那么对于网络的分类就只有 $g(x_i) > 0$ 或 $g(x_i) < 0$ 两种情况。但是对于 SVM 来说,仅分类是不够的,获取超平面的关键在于使超平面两侧网络距离超平面的距离最大,以达到最优的分类效果,提高分类结果的可信度,距离越远,可信度越高。为了表示距离超平面最近的样本点,需要生成超平面两侧与之平行且距离相等的两个类边界 H_1 和 H_2。类边界上的点 x_1 和 x_2 被称为支持向量(Support Vectors,SV)。

SVM 分类原理如图 5.11 所示。

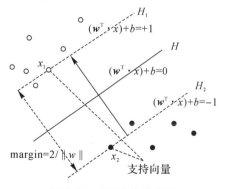

图 5.11　SVM 分类原理

二维空间中存在平行直线 H_1, H_2：

$$\begin{cases} ax+by=c_1 \\ ax+by=c_2 \end{cases}$$ (5.22)

二维空间中，二者间的距离为

$$d=\frac{|c_1-c_2|}{\sqrt[2]{a^2+b^2}}$$ (5.23)

可推出

$$\mathrm{margin}=\frac{2}{\|\boldsymbol{\omega}\|}$$ (5.24)

约束条件设置为超平面可将网络完全分类：

$$\begin{cases} \boldsymbol{w}\cdot\boldsymbol{x}_i+b\geqslant+1, y_i=+1 \\ \boldsymbol{w}\cdot\boldsymbol{x}_i+b\leqslant-1, y_i=-1 \end{cases}$$ (5.25)

SVM 求解超平面即为

$$\min \frac{1}{2}\boldsymbol{w}^{\mathrm{T}}\boldsymbol{w}+C(\sum_{i=1}^{l}\boldsymbol{\xi}_i)$$ (5.26)

约束条件设置为 $y_i[(\boldsymbol{w}\cdot\boldsymbol{x}_i)+b]\geqslant1-\boldsymbol{\xi}_i, \boldsymbol{\xi}_i\geqslant0, \quad i=1,2,\cdots,l$ (5.27)

其对偶问题为

$$\max \quad L(\alpha)=\sum_{j=1}^{l}\alpha_i-\frac{1}{2}\sum_{i=1}^{l}\sum_{j=1}^{l}y_iy_j\alpha_i\alpha_jK(\boldsymbol{x}_i,\boldsymbol{x}_j)$$ (5.28)

约束条件为

$$0\leqslant\alpha_i\leqslant C, \sum_{j=1}^{l}y_i\alpha_i=0, i=1,2,\cdots,l$$ (5.29)

式中：C 为惩罚因子，C 值越大表明对误分的惩罚越大；ξ 为松弛变量，表示的是分类边界之间的网络点到各自分类边界的距离；$K(x_i,x_j)$ 为核函数，本章采用最常用的径向基核函数，即 $K(x,y)=\exp\{-\beta\|x-y\|^2\}$；$\beta$ 为可调参数。

求解得到二次规划最优解 $a_0=(a_1^0,\cdots,a_l^0), 0<a^0i<C$ 对应的网络为 SV，则最优分类超平面对应的法向量 $\boldsymbol{w}$ 的模为

$$\|\boldsymbol{w}\|^2=\sum_{sv}a_i^0a_j^0k(\boldsymbol{x}_i\cdot\boldsymbol{x}_j)y_iy_j$$ (5.30)

相应的分类决策函数为

$$f(x)=\mathrm{sgn}\Big[\sum_{i=1}^{n}y_i\alpha_iK(\boldsymbol{x},\boldsymbol{x}_i)+b\Big]$$ (5.31)

式中：常数 b 根据 KKT 条件可由支持向量得到，即

$$b=\frac{1}{2}[\boldsymbol{w}\cdot\boldsymbol{x}_{sv}^++\boldsymbol{w}\cdot\boldsymbol{x}_{sv}^-]$$ (5.32)

式中：$\boldsymbol{x}_{sv}^+$ 为正类网络的 SV；$\boldsymbol{x}_{sv}^-$ 为负类网络的 SV。

首先对运行顺畅的样本和运行阻滞的样本进行 SVM 分类训练，可以得到运行顺畅样本的分类边界、最优分类面和运行阻滞样本的分类边界。管制系统的运行态势反映的是当前系统状态与期望的顺畅状态相比较其顺畅度下降或偏差程度，可以通过样本点到运行顺

畅样本的分类边界的间隔表示运行顺畅度下降的程度,这样,就可以将系统运行态势评估问题转化为一个分类问题。同时,根据 SVM 分类的结果,当样本点在运行顺畅样本边界和最优分类面之间时,样本的运行态势等级为中(运行态势下降但仍较好);当样本点在最优分类面和运行阻滞样本边界之间时,样本的运行态势等级为低(运行态势已经较严峻),这样,就将管制系统的运行态势等级分为高、中、低和差 4 个状态。

根据 SVM 的原理,任意样本点 x_i 到最优分类面的间隔 d 为:$d = w^{\mathrm{T}} \cdot x_i + b$。最优分类面与运行顺畅样本的分类边界平行且两平面的间隔为 1,因此,可以将样本点到最优分类面的间隔转化为样本点到运行顺畅分类边界的间隔。若 $d > 1$ 则说明此时管制系统处于顺畅运行的状态,运行情况很好,其到安全运行边界的间隔 $m = 1 - d < 0$;若 $0 < d \leqslant 1$,则说明此时管制系统的运行态势下滑,但仍处于较顺畅的情况,管制员只需稍稍关注即可,其到运行顺畅分类边界的间隔 $0 \leqslant m < 1$;若 $-1 < d \leqslant 0$,说明此时管制系统的运行情况已经不太顺畅,管制员需要引起一定的注意并作出相应的调整,其到运行顺畅分类边界的间隔 $1 \leqslant m < 2$;若 $d \leqslant -1$,说明此时管制系统的阻滞情况已经非常严重,需要管制员高度集中精力,其到运行顺畅分类边界的间隔 $m \geqslant 2$。具体评估标准见表 5.10。

表 5.10　评估标准

m 范围	运行态势等级	运行态势等级解释
$m \leqslant 0$	高	管制系统的运行态势良好
$0 < m \leqslant 1$	中	管制系统的运行态势下滑,但仍较好
$1 \leqslant m < 2$	低	管制系统的运行态势较为严峻
$m \geqslant 2$	差	管制系统的运行态势已经非常严峻

2. 评估流程

基于 SVM 分类模型的管制系统运行态势评估流程如图 5.12 所示。

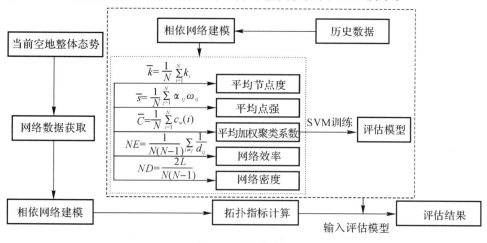

图 5.12　评估流程

运行态势评估的主要步骤如下：

（1）分别收集管制系统运行态势好和运行态势差的数据作为历史数据，分别构建相依网络模型。

（2）计算不同状态下相依网络的各项指标，将历史数据和计算得到的各项指标作为训练集。

（3）通过 SVM 训练得到评估模型。

（4）依据当前空地整体态势构建当前的相依网络，计算当前网络的各个指标值，输入到评估模型中，计算得到当前样本点到运行顺畅分类边界的距离，对比表 5.10 得出当前管制系统运行态势等级的评估结果和管制员需要采取的相应措施。

5.3.3　仿真分析

1. 场景设置

本节以上节构建的仿真场景为基础进一步研究。在一个扇区内，管制员同时指挥的航空器数量一般最多是 11 架，本章设定平均每个扇区内航空器数量在 4 架以下时管制系统运行顺畅，8 架以上时管制系统运行阻滞，因此，本章以总航空器数量小于 36 架的 20 个样本点作为运行顺畅的正类样本，大于 72 架的 20 个样本点作为运行阻滞的负类样本，并将这 40 个正负类样本点共同作为训练集。图 5.13 给出了训练集的两类典型网络示意图。

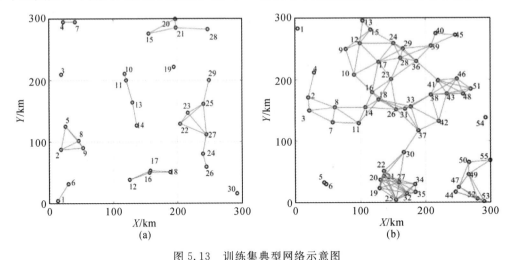

图 5.13　训练集典型网络示意图

(a)运行态势好；(b)运行态势差

2. 模型验证

建立了训练集后，以空中航空器数量在 20 架到 90 架之间为范围随机建立了 30 组数据作为检测样本。在 MATLAB 中计算网络 1～30 的网络拓扑指标——平均节点度、网络效率、网络密度、平均点强和平均加权聚类系数，并对 30 个网络设置标签，其中网络 1～15 的标签均设置为 1，网络 16～30 的标签均设置为 −1，见表 5.11。

表 5.11　相依网络拓扑指标数值

序号	平均节点度	网络效率	网络密度	平均点强	平均加权聚类系数	标签
网络 1	9.026	0.272	1.130	42.93	0.733	1
网络 2	7.795	0.246	0.746	28.36	0.708	1
网络 3	7.385	0.244	0.648	24.61	0.703	1
⋮	⋮					⋮
网络 28	10.469	0.270	0.949	59.780	0.821	−1
网络 29	11.813	0.273	1.237	77.924	0.773	−1
网络 30	11.188	0.267	0.940	59.217	0.784	−1

在这 30 组数据中,本章选出 3 个具有代表性的样本来具体分析。

当航空器数量较少(网络 7)以及航空器数量较多(网络 26)时航空器的分布如图 5.14(a)(b)所示。

分别计算这两类情形的网络指标并输入 5.3.2 节中的评估模型,得到评估值的大小分别为 7.01 和 2.08,运行态势等级分别为"好"和"差"。

在现实中,经常会出现航空器分布较为密集的情况,本章将航空器数量较少但分布密集的情况也进行了模拟以检测该评估模型的泛化性,如图 5.14(c)所示。

经计算,图 5.14(c)所示情形下运行态势评估值为 0.21,评估等级为中。虽然这种情况下航空器的数量较少,与图 5.14(a)所示情况相同,均为 30 架,但评估等级较低,这是因为图 5.14(c)的航空器分布更加密集,例如仅在 8 号管制扇区这一个扇区中就有多达 8 架航空器,分布较为密集,且 6、7、8 号航空器节点的距离很近。

将这 30 组网络拓扑指标输入评估模型中,计算得到评估值见表 5.12。

根据评估值可以看出,网络 1～15 的评估值在 −8.23～0.28 范围内,平均值为 −1.69,网络 16～30 的评估值在 1.95～3.29 范围内,平均值为 2.33。

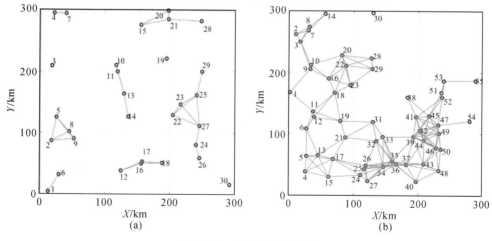

图 5.14　典型样本示意图

(a) 航空器较少;(b) 航空器较多

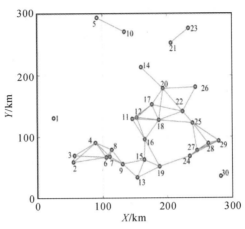

续图 5.14　典型样本示意图

(c)航空器少但分布密集

表 5.12　仿真评估结果

网络序号	评估值	网络序号	评估值
网络 1	−1.50	网络 16	1.89
网络 2	−8.23	网络 17	1.78
网络 3	0.21	网络 18	1.96
网络 4	−1.80	网络 19	1.85
网络 5	0.28	网络 20	2.94
网络 6	−5.67	网络 21	1.95
网络 7	−7.01	网络 22	2.14
网络 8	−1.16	网络 23	3.19
网络 9	−1.37	网络 24	2.69
网络 10	0.56	网络 25	3.29
网络 11	0.84	网络 26	2.08
网络 12	0.04	网络 27	2.93
网络 13	0.67	网络 28	2.10
网络 14	0.12	网络 29	2.04
网络 15	−1.29	网络 30	2.09

本节以样本距离运行顺畅分类边界的间隔(超平面正向一侧取正值、负向一侧取负值)作为网络评估值,将管制系统的运行态势等级分为 4 类,划分结果见表 5.13。

表 5.13 运行态势等级划分

$m<0$（高）	$0\leqslant m<1$（中）	$1\leqslant m<2$（低）	$m\geqslant 2$（差）
网络 1			网络 20
网络 2	网络 3		网络 22
网络 4	网络 5	网络 16	网络 23
网络 6	网络 10	网络 17	网络 24
网络 7	网络 11	网络 18	网络 25
网络 8	网络 13	网络 19	网络 26
网络 9	网络 12	网络 21	网络 27
网络 15	网络 14		网络 28
			网络 29
			网络 30

5.3.4 实际应用

本书以昆明长水机场某日的飞行数据为样本,对其周围空域进行调查,选取合适的空域,对 17:00—17:25 时段的管制系统运行态势进行评估。以 5 min 为间隔,以快照形式对其交通情况进行采样,如图 5.15 所示。

从图 5.15 可以看出,在 25 min 内,管制系统的运行态势在朝好的方向发展,本节将在该场景下验证所提出方法的有效性。将图 5.15 的 6 幅图抽象为相依网络,运用 5.3.3 节提出的方法对这 6 个相依网络的各项拓扑指标进行计算,得到结果见表 5.14。

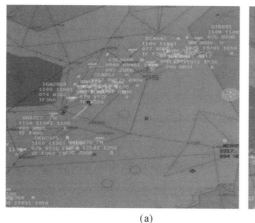
(a)

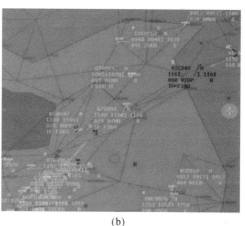
(b)

图 5.15 进近阶段不同时刻电子快照

(a)时刻:17:00:21;(b) 时刻:17:05:22

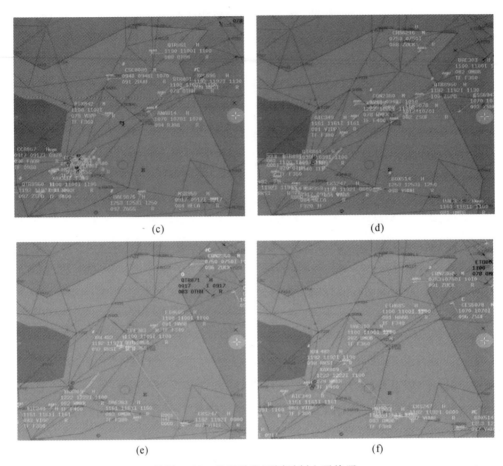

续图 5.15　进近阶段不同时刻电子快照

(c)时刻:17:10:20;(d) 时刻:17:15:22;(e)时刻:17:20:21;(f) 时刻:17:25:23

表 5.14　实际样本拓扑指标

时　　刻	平均节点度	网络效率	网络密度	平均点强	平均加权聚类系数
17:00:21	11.500	0.267	1.044	65.769	0.755
17:05:22	10.271	0.266	0.882	51.156	0.759
17:10:20	9.259	0.273	0.995	52.716	0.779
17:15:22	8.776	0.258	0.608	29.198	0.716
17:20:21	8.136	0.272	0.496	21.34	0.730
17:25:23	8.410	0.241	0.890	33.80	0.688

将实际数据输入评估模型中,得到评估结果见表5.15。

表 5.15　实例评估结果

时　刻	评估值	运行态势等级
17:00:21	4.26	差
17:05:22	2.59	差
17:10:20	1.48	低
17:15:22	0.85	中
17:20:21	−5.15	高
17:25:23	−3.64	高

在进行对比之后发现评估值由大到小排序为(a)(b)(c)(d)(f)(e),通过专家评估,管制系统的运行态势由差到好排序为(a)(b)(c)(d)(f)(e),表明由该方法计算得到的评估结果与实际情况相符,因此,本章提出的方法适用于管制系统的运行态势评估,且能得出较为准确的结果。

5.4　基于深度学习的管制系统运行态势预测

5.4.1　管制系统运行演化过程分析

5.3 节挑选出了 5 项最能体现相依网络综合性能的指标,本节继续使用这 5 项指标来描述相依网络的演化规律,从而预测管制系统的运行态势。

1. 场景设置

由于目前实际运行中航空器飞行是以固定航路或航线为基础实施的,本章设置了固定航线飞行场景进行模拟。为了提高空域资源的利用率,我国和一些欧美国家开始采用一些新技术,如基于航迹运行和自由飞行技术。在这种模式下,飞行员将不再需要按照划分好的高度层飞行,特别是在目前的军航训练中,在某一片空域内所有航空器都处于同一高度的情况是有可能存在的,因此本章还设置了自由飞行仿真场景,具体设定如下。

(1)固定航线飞行条件下的场景设置。

以昆明长水机场附近的扇区空域为参照,构建的演化场景。该空域共分为 6 个扇区,包含 26 条航线,24 个报告点,在实际中该空域横向最远距离约为 1 500 km,纵向最远距离约为 1 400 km。本章在仿真时对原始空域按 1:4 的比例进行等比例缩小,初始航空器为 28 架,具体仿真场景如图 5.16 所示。图

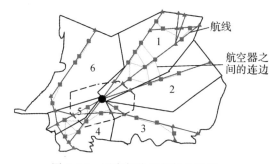

图 5.16　固定航线飞行场景设置

5.16 中,黑色数字表示各扇区编号,黑色实线代表扇区边界,黑色虚线代表进近管制区域边界,点线代表航线,细线代表具有潜在冲突的航空器之间的连边,方块代表航空器,黑色实心圆代表长水机场,三角形代表报告点。

（2）自由飞行条件下的场景设置。

通过 MATLAB 设置一个 300 km×300 km 的空域并随机生成 50 架航空器来模拟战时军航航空器自由飞行的场景。将演化场景设定如下:每隔 30 s 的时间间隔,1、3、7、9 号 4 个管制扇区均有 50% 的概率进入一架航空器。初始的 50 架航空器和后来进入该空域的航空器,在刚出现在这片空域中时,航向任意,航速在 600~800 km/h 之间随机取值,演化初始场景如图 5.17 所示。

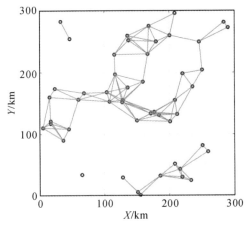

图 5.17　演化初始场景

2. 演化过程分析

由于自由飞行场景的演化过程更加复杂,本书以自由飞行的场景演化为例进行演化过程分析。演化 1 min 后、演化 100 min 后、演化 500 min 后和演化 1 000 min 后的网络示意图如图 5.18 所示。

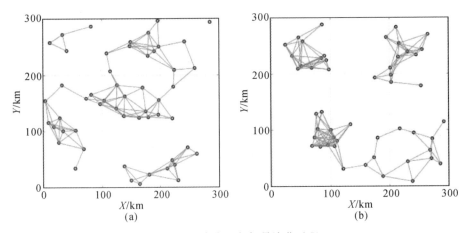

图 5.18　自由飞行场景演化过程

(a)时间:1 min;(b)时间:100 min

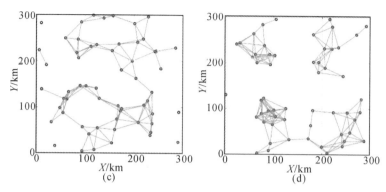

续图 5.18　自由飞行场景演化过程

(c)时间:500 min;(d)时间:1 000 min

每次演化完成后,计算 5 项网络拓扑指标——平均节点度、平均点强、平均加权聚类系数、网络密度和网络效率,得到 5 项指标的时间序列,见表 5.16。

表 5.16　拓扑指标部分数据样本

演化次数	平均节点度	平均点强	平均加权聚类系数	网络密度	网络效率
1	10.644	63.607	0.771	1.096	0.270
2	10.586	122.471	0.752	2.148	0.262
3	10.237	47.990	0.742	0.827	0.259
4	10.621	48.720	0.854	0.854	0.269
⋮	⋮	⋮	⋮	⋮	⋮
1998	10.422	60.610	0.865	0.865	0.260
1999	10.289	53.454	0.786	0.786	0.261
2000	10.174	48.599	0.749	0.7147	0.257

本章截取了各样本序列 400~600 次的演化过程,如图 5.19 所示。

由图 5.19 可知,5 项指标的演化过程具有一定的相似性,大致上呈现出上升—下降—上升的变化趋势。5 项指标的数值在演化过程的第 480 次左右到达第一个最高点,在第 520 次左右回到最低点。

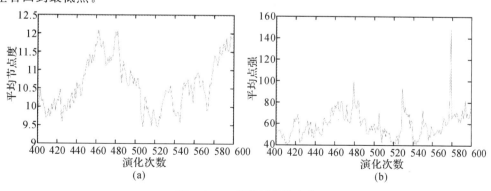

图 5.19　5 项指标数值变化

(a)平均节点度;(b)平均点强

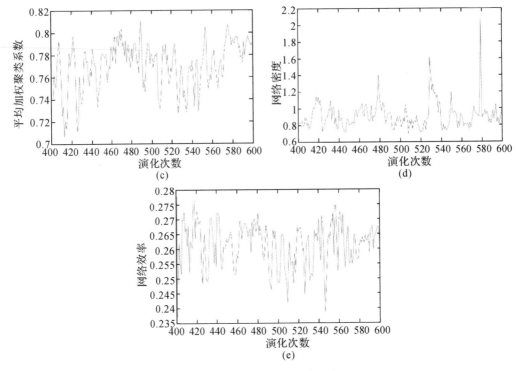

续图 5.19　5 项指标数值变化

(c)平均加权聚类系数;(d) 网络密度;(e)网络效率

3. 混沌性检验

在预测之前,首先需要对各样本的时间序列进行混沌性检验,判断其是否具有混沌性,是否可预测。对于每个时间序列,先由 G - P 算法计算其关联维 $\hat{d}$,再根据 $\hat{m} \geqslant 2\hat{d} + 1$ 得出嵌入维 $\hat{m}$,然后由快速傅里叶变换(Fast Fourier Fransform,FFT)计算平均周期 T,最后根据 $T = (\hat{m} - 1)\tau$ 得到时间延迟 τ,从而可由每个时间序列的嵌入维和时间延迟计算出最大李雅普诺夫指数,若最大李雅普诺夫指数大于 0,则表明该时间序列具有混沌特征,即该时间序列具有可预测性。对自由飞行和固定航线飞行场景下各指标时间序列的计算结果分别见表 5.17 和表 5.18。

表 5.17　嵌入维、时间延迟和最大李雅普诺夫指数(自由飞行)

样本序列	嵌入维	时间延迟/s	最大李雅普诺夫指数
平均节点度	8	4	0.034
平均点强	7	5	0.023
平均加权聚类系数	9	4	0.036
网络密度	6	5	0.038
网络效率	5	3	0.025

表 5.18　嵌入维、时间延迟和最大李雅普诺夫指数(固定航线飞行)

样本序列	嵌入维	时间延迟/s	最大李雅普诺夫指数
平均节点度	6	3	0.042
平均点强	8	3	0.013
平均加权聚类系数	7	4	0.035
网络密度	5	3	0.027
网络效率	9	6	0.019

由表 5.17 和表 5.18 可知,在两种仿真场景下各指标时间序列的最大李雅普诺夫指数均大于 0,说明在这两种仿真场景下各指标的时间序列均具有混沌性,是可预测的。

5.4.2　管制系统演化过程预测

1. LSTM 原理

长、短期记忆人工神经网络是一种具有记忆能力的循环神经网络(Recurrent Neural Network,RNN),是深度学习常用的模型之一,它能够发现时间序列中的一些隐藏特征。LSTM 神经网络在普通的 RNN 网络的基础上进行改进,通过在隐藏层中引入记忆单元,并通过 3 个控制单元(遗忘门、输入门和输出门)来控制记忆单元的状态,从而解决了普通RNN 因时间序列较长导致的学习效果较差的问题,使其具有长时间序列的记忆能力。LSTM 神经元结构如图 5.20 所示。

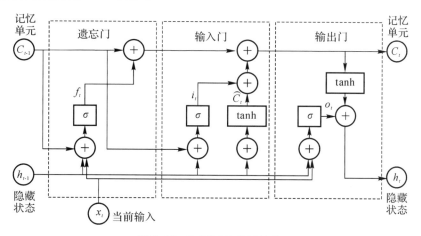

图 5.20　LSTM 神经元结构

LSTM 的记忆单元与隐藏单元均为记忆时间序列中的数据信息,而记忆单元中的数据受到三个控制单元的影响。

(1)遗忘门根据上一时刻的隐藏状态和当前输入对记忆单元中的部分无用信息进行删除,以减小记忆负荷,用公式表示为

$$f_t = \sigma(\boldsymbol{W}_f \boldsymbol{H}) + \boldsymbol{b}_f \tag{5.33}$$

式中:σ 为 sigmoid 函数;$\boldsymbol{W}_f$ 为遗忘门的权重;$\boldsymbol{b}_f$ 为偏置向量。

$$\boldsymbol{H} = [h_{t-1}, x_t] \tag{5.34}$$

式中:h_{t-1} 为上一时刻的隐藏状态;x_t 为当前时刻的输入。

(2)输入门根据上一时刻的隐藏状态和当前时刻的输入控制当前的输入,将没有价值的信息过滤掉,选择性地向记忆单元中新增信息,用公式表示为

$$i_t = \sigma(\boldsymbol{W}_i \boldsymbol{H}) + \boldsymbol{b}_i \tag{5.35}$$

$$\widehat{C}_t = \tanh(\boldsymbol{W}_c \boldsymbol{H}) + \boldsymbol{b}_c \tag{5.36}$$

式中:i_t 为新增信息;$\widehat{C}_t$ 为待定记忆单元;$\boldsymbol{W}_i$ 和 $\boldsymbol{W}_c$ 均为输入门的权重;$\boldsymbol{b}_i$ 和 $\boldsymbol{b}_c$ 均为偏置向量。

当遗忘门和输入门计算结束后,由下式来更新记忆单元。

$$C_t = f_t C_{t-1} + i_t \widehat{C}_t \tag{5.37}$$

(3)输出门将上一时刻的隐藏状态、当前输入和更新后的记忆单元这三类信息汇总,得到当前的隐藏状态,用公式表示为

$$o_t = \sigma(\boldsymbol{W}_o \boldsymbol{H}) + \boldsymbol{B}_o \tag{5.38}$$

式中:o_t 为输出值;$\boldsymbol{W}_o$ 为输出门的权重;$\boldsymbol{b}_o$ 为偏置向量。

$$h_t = o_t \tanh(C_t) \tag{5.39}$$

式中:h_t 为当前时刻的隐藏状态。

2. 预测流程

(1)指标预测。指标预测流程图如图 5.21 所示。

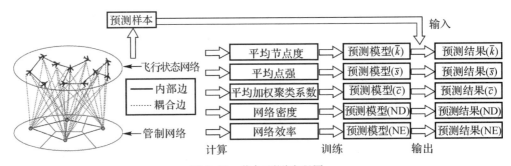

图 5.21 指标预测流程图

管制系统拓扑指标预测的主要步骤如下。

1)在一段时间内,每隔半分钟采集一次运行数据,分别进行建模。

2)计算不同时刻的各项指标,得到各样本的时间序列。

3)将各训练样本输入 LSTM 模型中进行训练,得到各自的预测模型。

4)将预测样本分别输入各样本的预测模型中,输出各样本的预测结果。

(2)评估值预测。评估值预测流程图如图 5.22 所示。

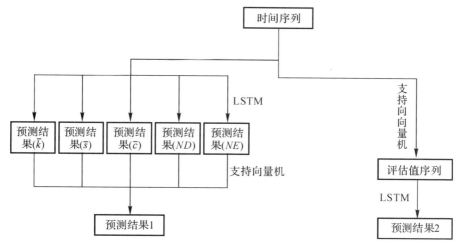

图 5.22 评估值预测流程图

管制系统评估值预测的主要步骤如下。

1)计算得到各项指标的时间序列。

2)先通过 LSTM 算法得到各项指标后 100 次演化的预测结果,然后通过支持向量机算法得到评估值的预测结果 1。

3)先通过支持向量机算法得到评估值的时间序列,然后通过 $LSTM$ 算法得到评估值的预测结果 2。

4)比较两种方法得到结果的预测精度,找出较优的一种方法。

5.4.3 仿真验证

1. 指标预测

(1)自由飞行条件下的仿真验证。

将前 1 900 次的演化数据作为训练集对 LSTM 模型进行训练,后 100 次演化数据作为测试集输入训练好的预测模型中得到预测值和真实值,5 项指标的后 100 次演化数据的预测情况如图 5.23 所示(在本节中后续图中的演化次数 1~100 次表示总演化次数的 1 901~2 000 次)。

从整体上看,预测结果较为准确,尤其是图 5.23(a)~(d),预测结果与实际结果相差无几,依据预测结果,管制员可以对管制系统未来一段时间内的运行态势有一个大概的预估,根据实际情况可提前对部分航空器采取改航分流等调配措施,避免飞行事故征候的出现。

由图 5.23(b)(d)可知,在第 47 次演化时,相依网络的平均点强和网络密度这两个指标的真实值和预测值相差较大,且都是真实值高于预测值,而平均节点度、平均加权聚类系数和网络效率的值也都处于较高的水平。综合以上情况可知,当相依网络的复杂程度较高时,相依网络部分指标的预测值明显低于真实值,管制系统演化过程的预测精度会有所下降,且预测情况一般会好于实际情况。

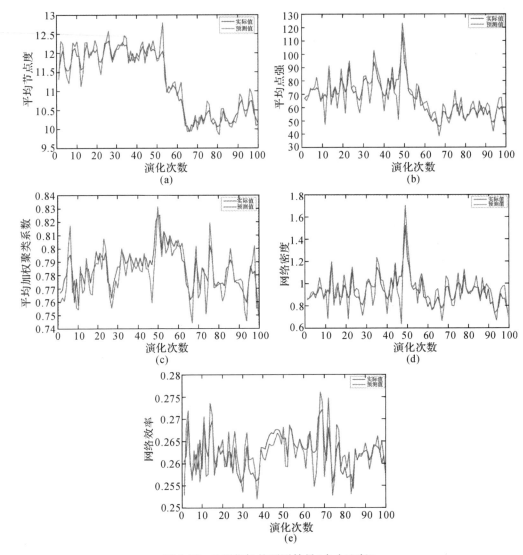

图 5.23 5 项指标的预测结果(自由飞行)
(a)平均节点度;(b)平均点强;(c)平均加权聚类系数;(d)网络密度;(e)网络效率

为了进一步判断各项指标的预测精度,本章计算了各项指标的相对误差(误差值与真实值的比值),如图 5.24 所示。

从图 5.24 中可以清楚地看到,平均节点度、平均加权聚类系数和网络效率这 3 项指标的相对误差一直在一个较小的范围内波动,不超过 5%,而平均点强和网络密度这两项指标的相对误差变化幅度较大,但可以发现,只有演化次数在 11 次、21 次、42 次和 47 次时相对误差超过了 20%,有 96% 的演化次数其相对误差在 20% 以内。因此,从总体上看,这五项指标都具有较高的预测精度。

为突出 LSTM 算法相较其他算法的优势,另外采用贝叶斯(Bayes)和支持向量机

(SVM)对这 5 项指标的时间序列进行预测,计算每项指标的平均相对误差(相对误差绝对值的平均值),将 3 种算法得到的结果进行对比,见表 5.19。

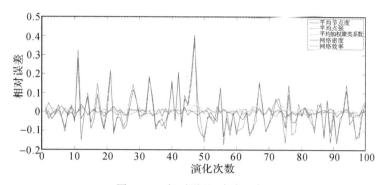

图 5.24　相对误差(自由飞行)

表 5.19　不同算法的预测结果对比

指　标	LSTM	Bayes	SVM
平均节点度	0.013	0.025	0.031
平均点强	0.073	0.072	0.108
平均加权聚类系数	0.010	0.020	0.019
网络密度	0.071	0.092	0.071
网络效率	0.010	0.018	0.021

由表 5.19 可以看出,由贝叶斯算法和支持向量机算法得到的平均相对误差整体较大,个别指标的平均相对误差较小,如贝叶斯算法得到的平均点强的平均相对误差和支持向量机算法得到的网络密度的平均相对误差,但仍然比较接近,故综合来看,LSTM 算法相较于其他预测算法具有一定的优势。

(2)固定航线飞行条件下的仿真验证。

固定航线飞行条件下的仿真验证与自由飞行条件下的预测步骤相同,预测结果如图 5.25 所示。

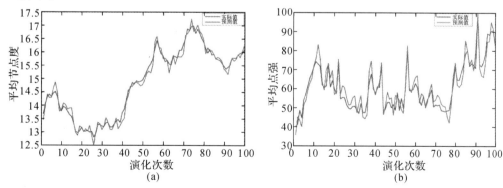

图 5.25　5 项指标的预测结果(固定航线飞行)

(a)平均节点度;(b)平均点强

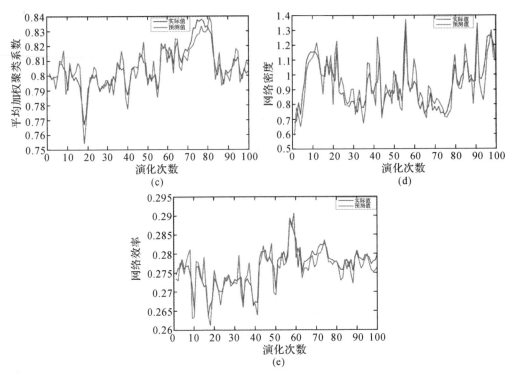

续图 5.25　5 项指标的预测结果(固定航线飞行)

(c)平均加权聚类系数;(d) 网络密度;(e)网络效率

由图 5.25 可知,上述预测方法在固定航线飞行条件下仍然适用,且对比图 5.25 和图 5.23 可以发现,在固定航线飞行条件下,5 项指标的预测结果中没有出现偏差过大的情况, 预测情况更加稳定。各指标的相对误差如图 5.26 所示。

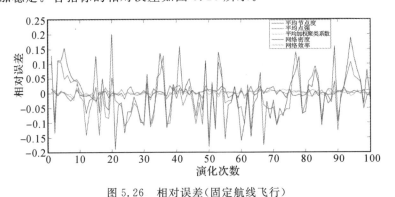

图 5.26　相对误差(固定航线飞行)

由图 5.26 可知,在固定航线飞行条件下,5 项指标的图线走向与自由飞行条件下大致 相同,也能清楚地发现,相对误差基本都低于 20%,预测效果相较于自由飞行条件更好。

2.评估值预测

结合 5.3 节的支持向量机算法,本节提出两种管制系统运行态势评估值的预测方法:方法一是先通过 LSTM 算法得到后 100 次演化的预测结果,然后将其输入 SVM 评估模型中得到评估值的预测结果;方法二是先将 5 项指标的前 1 900 次演化数据输入 SVM 评估模型中得到前 1900 次演化的评估值,再通过 LSTM 算法得到评估值后 100 次的预测结果。以自由飞行的场景为例,通过两种方法得到评估值的预测结果如图 5.27 所示。

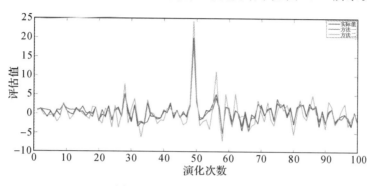

图 5.27　评估值的预测结果

从图 5.27 可以发现,从整体上看,由方法一和方法二得到的预测值的走向与实际值大概一致;演化到第 50 次的时候,预测值与实际值的数值达到最大,说明此时管制系统的运行情况极为严峻,而在图 5.23 中,在第 50 次演化时平均节点度、平均点强、平均加权聚类系数和网络密度这 4 项指标的预测值和实际值都达到了巅峰,网络效率的数值也处于较高的水平,说明图 5.23 和图 5.27 互相印证。

为了比较方法一和方法二哪种方法的预测精度更高,分别计算两种方法的平均误差(计算后 100 次演化的预测值与实际值差的绝对值,然后求平均值)进行比较,算得方法一的平均误差为 0.565,方法二的平均误差为 1.595,因此方法一的预测精度更高。

5.5　本章小结

无论是军航还是民航,都对管制系统运行的安全性和稳定性有着较高的要求,要想保持管制系统运行的安全与稳定,最关键的是要对管制系统的运行情况进行研究,找到其演化的规律和相应问题的解决措施。本章在分析管制系统时对其进行了简化,主要考虑管制员和空中航空器的关系,以它们的运行情况来代表整个管制系统的运行情况,并对该管制系统的运行态势进行了一定的研究,主要包括:

(1)引入复杂网络理论中的相依网络理论,以航空器和管制员为节点,以航空器之间的冲突关系、管制员对航空器的管制关系和管制员之间的交接关系为连边,建立管制-飞行状态相依网络模型。对部分典型拓扑指标的定义、物理意义以及在仿真场景中的分布情况进行了分析,实验结果表明,节点度、点强和加权聚类系数可以从不同的角度反映航空器之间的冲突情况,网络效率和网络鲁棒性可以反映管制网络对空中航空器的管控力度,相依边的权重可以反映管制员的工作负荷情况。

(2)对常用拓扑指标之间的关系进行相关性分析和主成分分析,确定了相依网络的 5 项关键指标,以这 5 项指标为基础,利用支持向量机算法计算管制系统运行态势的评估值并划分评估等级,通过观察,比较这 5 项指标及其评估值的演化情况,得出管制系统运行态势的演化规律,最后使用深度学习算法对管制系统运行态势的演化情况进行预测,结果表明,本章提出的评估方法能避免主观因素的影响,客观、准确地评估管制系统的运行态势,所提预测方法对 5 项指标以及评估值的预测效果总体较好,精度较高。

(3)为处理管制系统内运行安全风险较高的情况,以尽量提高分流后管制系统的整体性能为目的,考虑航空器航速、航向及管制员负荷等因素设置优化目标,根据扇区内空情的复杂程度,采用不同的算法得到扇区内每一架航空器的分流方案,仿真结果表明该分流方法可降低地面管制员对空中航空器的管控难度,使得管制员负荷分布更加均匀,有效降低出现人为差错的概率,增强管制系统的安全性。

参 考 文 献

[1] ENDSLEY M R. Design and evaluation for situation awareness enhancement[C]// Proceedings of the 32nd Human Factors and Ergonomics Society Annual Meeting. [S. l]:[s. n.], 1988: 97 - 101.

[2] SHEN K Q, ONG C J, LI X P, et al. Feature selection using SVM probabilistic outputs[C]// Neural Information Processing. Hong Kong, China: ICONIP, 2006: 453 - 461.

[3] ALAM T. Time series prediction using deep echo state networks[D]. 广州:华南理工大学,2020.

[4] ZHAO Z, CHEN W, Wu X, et al. LSTM network: a deep learning approach for short-term traffic forecast[J]. IET Intelligent Transport Systems, 2017, 11(2): 68 - 75.

第6章　飞行冲突网络的构建和应用

6.1　引　　言

在航空管制系统中,航空器是其核心组成部分。随着空中交通流量的增大,航空器之间的冲突可能性不断加剧。空中的飞行冲突对于空中交通管制而言是一个较难处理的问题,会给空中交通的顺畅运行、管制员的管制指挥工作带来巨大的挑战。因此,如何解决飞行冲突成为摆在管制员面前的一个难题,特别是面对多机、大规模冲突的情况。借鉴前面飞行状态网络的思路,本章从飞行冲突着手,通过速度障碍法判断航空器之间的冲突并以冲突关系为连边构建飞行冲突网络,通过飞行冲突网络的分析解决飞行冲突解脱问题。

空中交通运行过程中,航空器之间或多或少会存在飞行冲突的情况,以飞机为节点,冲突关系为连边从而构成飞行冲突网络。由于飞行冲突的形成具有较强的随机性,其所构成的网络没有特定结构,所以大多情况具有第5章所描述的"随机网络模型"和"小世界网络模型"的特性。构建飞行冲突网络,首先要解决的是飞行冲突的判断问题。

6.2　飞行冲突网络模型

飞行冲突是指航空器之间的最小安全间隔被突破,对航空器安全造成威胁的一种状态。在进行飞行冲突探测时,需根据航空器的当前位置、飞行状态、未来航迹等信息来判断一架航空器否将进入另一架航空器的保护区内,从而及早发现并采取措施避免冲突,以此提高空中交通的效率,减轻管制员的工作负荷。在建立飞行冲突探测模型前,首先要确定飞行保护区的形状。

6.2.1　飞行保护区

执行飞行任务时,每架航空器周围的空域可划分为三个层次——保护区、避让区和探测区。其中,包围航空器最里层的区域被称为保护区,当一架航空器进入另一架航空器的飞行保护区时,即可视为发生飞行冲突。

常用的飞行保护区模型包括 Reich 碰撞风险模型、圆柱状保护区、球状保护区和椭球状保护区。1966 年,Reich 首次提出航空器碰撞风险模型,把航空器简化成固定尺寸的长方体,计算碰撞危险和间隔之间的关系,解决了飞行间隔安全性评估问题。国际民航组织(International Civil Aviation Organization,ICAO)基于此模型建立了飞机的最小安全间隔标准。圆柱状保护区、球状保护区和椭球状保护区即是基于 Reich 碰撞模型提出的。圆柱状飞行保护区的应用最为广泛,但由于圆柱体平面衔接处不可导的特点,在数值计算上具有局限性,该模型多应用于航路航线上飞行冲突的探测。与圆柱状保护区相比,球状保护区处处可导,但增大了航空器间的垂直安全间隔,造成了空域资源的浪费,此模型多用于无人机的避障探测。椭球状保护区由 Menon 等提出,在满足安全飞行要求的同时避免了空域资源的浪费。相较于其他 3 种保护区模型,椭球状保护区在不产生数字中断的情况下,加强了航空器的间隔限制,有很好的研究意义,近年来被学者们广泛关注,但同时椭球状保护区给传统冲突探测方法的应用增加了计算难度,因此在确定型冲突探测方法中应用较少。

如图 6.1 所示,采用椭球状保护区作为飞行保护区模型,为了符合 ATC 标准,取椭球体的长焦距为 $d_v = 5$ mile(1 mile=1.609 344 km),短焦距为 $d_1 = 2\,000$ ft (1 ft=0.304 8 m)。

因此,航空器周围的冲突域 S 可以表示为

$$S = \left\{ \frac{(x-x_0)^2}{d_v{}^2} + \frac{(y-y_0)^2}{d_v{}^2} + \frac{(z-z_0)^2}{d_1{}^2} \leqslant 1 \ \ x,y,z \in \mathrm{R} \right\} \tag{6.1}$$

式中:(x,y,z) 为椭球中心目标机的坐标;(x_0,y_0,z_0) 为潜在冲突机坐标。

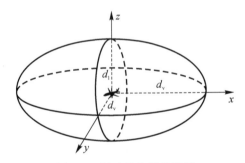

图 6.1　椭球状飞行保护区

6.2.2　飞行冲突探测模型

目前,冲突解脱任务仍由空中交通管制中心集中完成,空管人员可以全局地完成调配任务,但无法及时获取局部和具体的态势信息,冲突解脱仍依赖人工判断。当冲突机进入目标机的保护区时,说明冲突已经发生,管制员可进行冲突调配的时间非常有限,对飞行安全造成严重威胁,因此,规避飞行中的潜在飞行冲突显得尤为重要。本章引用速度障碍法,提高飞机的预警范围,为冲突解脱提供了简单有效的思路。

速度障碍法将两架航空器之间的速度空间分割为碰撞区域和非碰撞区域,当相对速度

落入碰撞区域时,则视为两架航空器之间存在冲突或潜在冲突。

如图 6.2 所示,将椭球中心目标机、潜在冲突机分别用 P_1、P_2 表示,P_1 的速度为 v_1,P_2 的速度为 v_2。在速度障碍模型中,发生冲突与否只与飞机间的相对位置和当前飞行状态有关。以 P_2 作为参照点,则 P_1 相对 P_2 作相对运动,相对速度为 $v_r = v_1 - v_2$。

定义三维速度障碍区域 RCC,即飞机会发生碰撞时的相对速度 v_r 的集合。

$$\text{RCC} = \{ v_r, l_r \cap S \neq \varnothing \} \tag{6.2}$$

式中:l_r 为相对速度 v_r 的延长线。

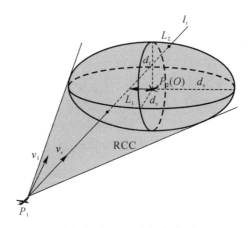

图 6.2　飞行冲突探测模型

在图 6.2 中,显然 $v_r \cap \text{RCC} \neq \varnothing$ 时,l_r 与 S 有两个交点,将 v_r 所在直线 l_r 与椭球面方程联立,则 l_r 与椭球的交点满足方程组:

$$\left. \begin{array}{l} \dfrac{x^2}{d_v^2} + \dfrac{y^2}{d_v^2} + \dfrac{z^2}{d_1^2} = 1 \\[3mm] \dfrac{x - x_0}{k_1} = \dfrac{y - y_0}{k_2} = \dfrac{z - z_0}{k_3} = t \end{array} \right\} \tag{6.3}$$

式中:k_1, k_2, k_3 为沿 l_r 的方向向量在 x, y, z 轴上的分量。解得:

$$(d_1^2 k_1^2 + d_1^2 k_2^2 + d_v^2 k_3^2) t^2 +$$
$$2(d_1^2 k_1 x_0 + d_1^2 k_2 y_0 + d_v^2 k_3 z_0) t +$$
$$(d_1^2 x_0^2 + d_1^2 y_0^2 + d_v^2 z_0^2 - d_1^2 d_v^2) = 0 \tag{6.4}$$

记 l_r 与 S 的交点个数 n,则 $\Delta = b^2 - 4ac$ 为方程(6.4)的根判别式,其中 a, b, c 分别为多项式方程(6.4)中 $t^2, t, 1$ 的系数,故可作出判断:当 $\Delta \leqslant 0$ 时,$n < 2$,$l_r \cap \text{RCC} = \varnothing$,相对速度脱离速度障碍区域;当 $\Delta > 0$ 时,$n = 2$,$l_r \cap \text{RCC} \neq \varnothing$,相对速度未脱离速度障碍区域。

但这其中存在一个问题:当 $\Delta \leqslant 0$ 时,背离速度障碍区域的相对速度也会被认为存在冲突风险,故本书在判别式基础上进行补充判断。

图 6.3 为冲突探测模型(见图 6.2)的俯视图,$\overrightarrow{AB}$ 为 P_1 和 P_2 之间连线在水平面 xOy 上的投影,$\odot B$ 是以 B 为中心,d_1 为半径的圆,α 和 μ 分别为 $\overrightarrow{AB}$ 与切线和 v_r 的夹角,则当 $\mu < \alpha$ 时,相对速度 v_r 不会背离速度障碍区域 RCC。

其中，α 和 μ 可由下式得出：

$$\sin\alpha = \frac{d_1}{|\overrightarrow{AB}|} \qquad (6.5)$$

$$\cos\mu = \cos\langle v_r, AB \rangle = \frac{v_r \cdot \overrightarrow{AB}}{|v_r| \cdot |\overrightarrow{AB}|} \qquad (6.6)$$

式中：$|\overrightarrow{AB}|$ 即为 P_1 与 P_2 之间的水平距离。

对于飞行冲突网络，通过上述分析，可作出如下判断：当 $\mu < \alpha$ 和 $\Delta > 0$ 这两个条件同时满足时，相对速度 v_r 才会落在速度障碍区域内，此时 $l_r \bigcap \text{RCC} \neq \varnothing$，飞机 P_1 与 P_2 之间存在冲突风险，构成连边；否则，$l_r \bigcap \text{RCC} = \varnothing$，$P_1$ 与 P_2 之间不存在冲突风险，不构成连边。

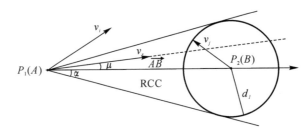

图 6.3　冲突探测模型俯视图

6.2.3　确定连边权重

网络节点连边权重是用来表示边两端的节点之间相互关系强弱程度的指标，在飞行冲突网络中，连边权重需要反映航空器节点之间的冲突紧迫程度，而飞行冲突预计时间可直观反映冲突的紧迫程度，当预计冲突时间越短时，冲突紧迫程度越强。

依据前面分析，当 $\Delta > 0$ 时，记交点坐标为 L_1, L_2，则预计冲突时间 T 可表示为

$$T = \frac{\min\{|AL_1|, |AL_2|\}}{|v_r|} \qquad (6.7)$$

可作如下判断：当 $\Delta \leqslant 0$ 时，$v_r \bigcap \text{RCC} = \varnothing$，两机不存在潜在飞行冲突；当 $\Delta > 0$ 时，$n = 2$，$v_r \bigcap \text{RCC} \neq \varnothing$，两机存在潜在飞行冲突，预计冲突时间为 t_c。

这种关系是非线性的。本书定义节点的连边权重为

$$w_{ij} = \begin{cases} 0, & \text{无冲突} \\ \exp\{-t_c\}, & \text{潜在飞行冲突} \\ 1, & \text{飞行冲突} \end{cases} \qquad (6.8)$$

式中：t_c 为预计冲突时间；w_{ij} 表示节点 a_i 和 a_j 之间的连边权重。

由式(6.8)可知，连边权重的值域 $w_{ij} \in [0,1]$，w_{ij} 与 t_c 之间的关系为负相关，当 t_c 越大时，w_{ij} 越大；当节点 a_i 和 a_j 之间不构成连边（无潜在飞行冲突）时，$w_{ij} = 0$；当节点 a_i 和 a_j 之间已发生飞行冲突时，$w_{ij} = 1$。由于飞行冲突网络为无向网络，故可得 $w_{ij} = w_{ji}$。

6.3　基于节点删除法的关键节点识别方法

在飞行冲突网络中,网络连边反映节点间的冲突关系,连边权重反映冲突的紧迫程度,网络的整体性能反映该空域的空情复杂程度。因此,在飞行冲突网络中,删除某个节点对整体网络性能的影响程度能够反映该节点对应的航空器在整个空域中的解脱迫切程度,这些关键节点在飞行冲突网络中扮演着重要角色,对于解脱多机飞行冲突,降低空域复杂度起到至关重要的作用。节点删除法是识别复杂网络中关键节点方法中代表性的方法之一,本质是将节点的重要性视为破坏性,通过度量删除节点后对网络整体性能的破坏程度,来反映网络节点的重要程度,给管制员提供需要首先调配的飞机节点。

6.3.1　指标选取

在节点删除法中,需定义一个评价网络整体性能的指标来反映节点被删除后对整体网络性能的影响。本书选取网络鲁棒性(NR)、网络效率(NE)、聚类系数(CC)、冲突节点数(CN)4 个静态网络指标来评价整体网络性能。

(1)网络鲁棒性(NR)。

网络鲁棒性是衡量复杂网络在一定摄动下(比如攻击、异常、威胁等)维持其功能和结构的能力的指标,反映了系统在受到攻击后保持原状态不变的能力。在飞行冲突网络中,网络鲁棒性的值越低,航空器节点间的冲突关系越弱,网络整体的冲突紧迫程度越小,网络鲁棒性可表示为

$$R = \frac{1}{n-I} \sum_{i=1}^{n} \sum_{j=1}^{n} \frac{w_{ij}}{2} \tag{6.9}$$

式中:n 为飞行冲突网络中节点的个数;I 是网络中移除节点的个数;w_{ij} 为节点 a_i 与 a_j 之间的连边权重。

(2)网络效率(NE)。

网络效率是网络信息通信能力的指标之一,该指标能够评价节点间的信息沟通效率,NE 越高,网络复杂度越高。在飞行冲突网络中,网络效率反映了飞机之间级联冲突的数量和强度,其计算公式为

$$\mathrm{NE} = \frac{1}{n(n+1)} \sum_{i \neq j} \frac{p_{ij}}{d_{ij}} \tag{6.10}$$

式中:d_{ij} 是节点 a_i 与 a_j 之间最短路径上的连接边数;p_{ij} 是最短路径上所有连边权重之和。

(3)聚类系数(CC)。

聚集系数是一个反映网络中小群节点连接完整性的指标。在加权网络中,节点的聚类系数可以表示为

$$c_i = \frac{1}{s_i(l_i-1)} \sum_{h,j} \frac{w_{ij}+w_{ik}}{2} b_{ij} b_{jh} b_{ih} \tag{6.11}$$

式中:c_i 是节点 a_i 的聚类系数;l_i 是 a_i 的节点度;s_i 表示节点 a_i 的强度;b_{ij} 表示节点对 a_i

和 a_j 之间的连接。当它们构成一条连边时有 $b_{ij}=1$，否则 $b_{ij}=0$，b_{jh} 和 b_{ih} 的定义与 b_{ij} 相似。

加权网络的集聚系数是网络中各节点集聚系数的平均值，可表示为

$$CC = \frac{1}{n} \sum_i c_i \tag{6.12}$$

（4）冲突节点数（CN）。

空域中无冲突运行的航空器数量是衡量空域整体运行情况的一个重要的指标，该指标反映了飞行冲突网络中仍存在冲突的节点数目，对网络的复杂性和管制员的负荷程度影响较大。本书中 CN 为冲突节点数占总节点总数的比例：

$$CN = \frac{1}{n} \sum_i q_i \tag{6.13}$$

式中：q_i 为飞行冲突网络中仍存在冲突的节点数目。

利用层次分析法（Analytic Hierarchy Process，AHP）计算得到 R、NE、CC 和 CN 的权重向量为：$w_i = (0.514\ 1, 0.251\ 4, 0.163\ 7, 0.070\ 8)$，且 $CR = CI/RI = 0.033\ 3$，通过一致性检验，记评价删除节点后的网络性能的指标为

$$Met = 0.514\ 1NR + 0.251\ 4NE + 0.163\ 7CC + 0.070\ 8CN \tag{6.14}$$

在飞行冲突网络中，删除某个航空器节点后，网络 Met 值越小，则该节点的重要程度越高；在空域中，管制员调配这些关键节点对应的航空器能够快速降低空域复杂度。

6.3.2　关键节点识别流程

假设该空域中航空器的数量为 n，管制员能够调配的航空器数量为 g。图 6.4 为基于节点删除法的关键节点识别流程，具体步骤如下。

（1）构建飞行冲突网络。根据空域中航空器的位置和冲突关系，建立网络连边，生成权重矩阵，构建飞行冲突网络 $G = (A, W, E)$。

（2）依次删除节点并分别计算整体网络性能。依次删除飞行冲突网络中的每一个节点 $a_i (i = 1, 2, \cdots, n)$，分别计算删除一个节点后的整体网络性能 $Met_i (i = 1, 2, \cdots, n)$。

（3）筛选最小整体网络性能值 Met_j。比较 $Met_1, Met_2, \cdots, Met_n$ 并筛选出最小值 Met_j。

（4）删除节点 a_j 并更新网络 G。删除飞行冲突网络 G 中 Met_j 对应的节点 a_j，并更新网络 G。

（5）重复（2）～（4）直至筛选出 g 个关键节点。

6.3.3　仿真分析

在 100 km×100 km 范围的空域内，随机生成的 40 架航空器，航空器的速度随机分布在 [700, 900] km/h 范围内，根据航空器间的两两冲突关系构建网络连边，计算预计冲突时间并生成权重矩阵。识别该飞行冲突网络中的关键节点，并验证该识别方法的优越性。

1. 网络分析

飞行状态网络以飞机为节点，当节点对之间的距离小于 26 km 时，构建连边，但没有考

虑不同速度、航向等因素对飞行态势的不同影响;在飞行冲突网络中,首先确定航空器之间的冲突关系,基于节点间的冲突关系建立网络连边。图 6.5(a)是初始空域态势下的飞行状态网络,图 6.5(b)是该场景下的飞行冲突网络。对比两个网络图可知,飞行状态网络中包含 144 条连边,而飞行冲突网络中包含 26 条连边。点强是与某节点相连的边的边权之和,能进一步反映节点冲突的紧迫程度,图 6.6 对比了两种网络中各节点的点强,对比图 6.6(a)和图 6.6(b)可知,飞行冲突网络中各节点的点强显著降低。相较于飞行状态网络,飞行冲突网络减少了不必要的网络连边,反映出的空域复杂度更低。

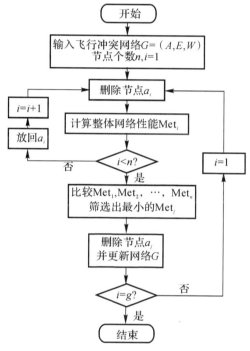

图 6.4　关键节点识别流程图

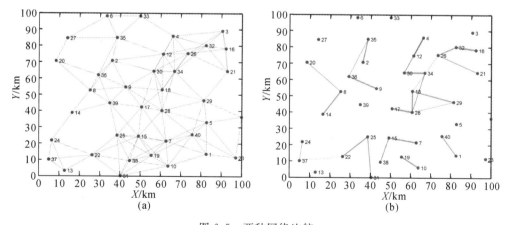

图 6.5　两种网络比较

(a) 飞行状态网络;(b) 飞行冲突网络

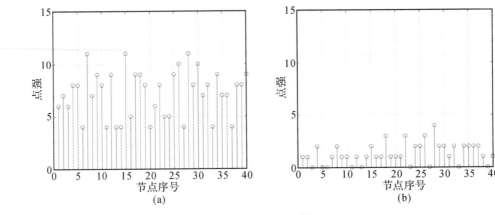

图 6.6 点强比较

(a)飞行状态网络；(b)飞行冲突网络

单一的实验场景具有偶然性,下面选取 3 个能够评价网络性能的指标:网络鲁棒性(NR)、网络效率(NE)、聚类系数(CC),这 3 个指标值越小,则网络整体的冲突紧迫程度越低。表 6.1 记录了 5 个节点数不同的冲突场景下各指标的值。由表 6.1 可知,在同一飞行冲突场景下,基于航空器冲突关系建立的飞行冲突网络的网络性能更差,所反映的空域复杂度更低,更能反映空域中的真实飞行态势,避免了管制员不必要的精力分配。

表 6.1 各场景下空域复杂性分析结果

节点数	飞行状态网络			飞行冲突网络		
	NR	NE	CC	NR	NE	CC
20	1.850	0.045	0.330	0.166	0.026	0
40	6.400	0.059	0.615	0.403	0.040	0.145
60	4.750	0.077	0.589	0.661	0.056	0.354
80	4.575	0.129	0.569	0.520	0.125	0.236
100	5.700	0.104	0.581	0.759	0.115	0.259

2. 关键节点识别

通过评估复杂网络中节点的重要度,能够识别出网络中的关键节点,在飞行冲突网络中,这些节点是解决飞行冲突的关键。在复杂网络中,任何节点的添加或删除都可能会影响网络的连通性和整体性能,本书利用节点删除法识别网络中的关键节点。

根据图 6.4 中的关键节点识别流程,首先,分别计算每一个节点被删除后的网络性能 Met,筛选出最小值作为关键节点。然后,删除该节点,重新计算每个节点被删除后的网络 Met 值。表 6.2 为 Met 值由小到大的排序结果,Met 值越小,其对应的节点重要度越高。由表 6.2 可知,若假设当前空域条件下,管制员能够调配 15 架航空器,则调配的航空器节点编号应为 28、18、30、34、32、35、26、22、29、15、25、36、8、12、7。

表 6.2 节点重要度排序

节点编号	Met	节点编号	Met	节点编号	Met	节点编号	Met
28	0.197 5	25	0.234 6	9	0.239 9	20	0.245 9
18	0.212 4	36	0.234 9	14	0.240 5	3	0.251 6
30	0.221 9	8	0.235 1	10	0.240 5	5	0.251 6
34	0.222 2	12	0.235 5	19	0.240 5	6	0.251 6
32	0.222 9	7	0.235 9	2	0.241 0	11	0.251 6
35	0.225 3	4	0.236 0	21	0.242 6	13	0.251 6
26	0.226 4	37	0.236 2	38	0.243 1	23	0.251 6
22	0.229 1	17	0.236 9	31	0.243 4	27	0.251 6
29	0.230 1	24	0.237 1	1	0.2439	33	0.251 6
15	0.231 4	16	0.239 6	40	0.243 9	39	0.251 6

图 6.7(a)为 15 个关键节点在飞行冲突网络中的具体位置,图中节点即为关键节点,由图 6.7(a)可以看出,关键节点的节点度均为 2 或 3,且由关键节点构成的网络连边的颜色大部分较深,即连边权重较大,对应的飞行冲突紧迫程度高。图 6.7(b)为删除 15 个关键节点后的飞行冲突网络,由图可知,删除关键节点后,网络连边数量由 26 个减至 3 个,调配关键节点可快速减少空域中的飞行冲突数量,降低空情复杂程度。

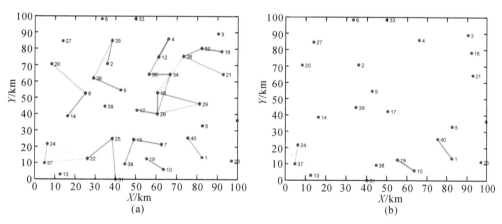

图 6.7 关键节点位置及删除关键节点后的飞行冲突网络

(a)关键节点;(b)删除关键节点后的飞行冲突网络

上述实验结果表明,通过移除网络的关键节点,能够快速地消解网络中的飞行冲突,为了验证该节点删除法识别关键节点的有效性,本书还对该方法与其他节点选择方式进行了比较。在下述实验中,在图 6.5(b)飞行冲突网络的基础上,按重要程度由高到低的顺序移除了不同方法得到的关键节点,并记录了网络性能随移除节点数量的变化。

本书将节点删除法与节点度、Pagerank、随机选择 3 种节点的选择方式进行比较,在飞行冲突网络中依次删除被选中的节点,并记录了冲突节点数、整体网络性能(Met)、网络效率(CC)、鲁棒性(NR)4 个网络指标随删除节点数的变化趋势。图 6.8 为 4 种网络指标在不同节点选择方式下随被删除节点数量的变化,对比这 4 张图,可以看出随机选择节点作为关键节点的效果最差,在该选择方式下删除被选择的节点对于快速消解网络中的飞行冲突意义较小;本章提出的节点删除法识别出的关键节点被删除后,网络性能迅速变差,网络中飞行冲突的紧迫程度明显降低,4 种节点选择方式的效果排序为:节点删除法＞Pagerank＞节点度＞随机选择。本节提出的关键节点识别方法为后续解脱多机飞行冲突奠定基础,为调配节点的选择提供理论支撑。

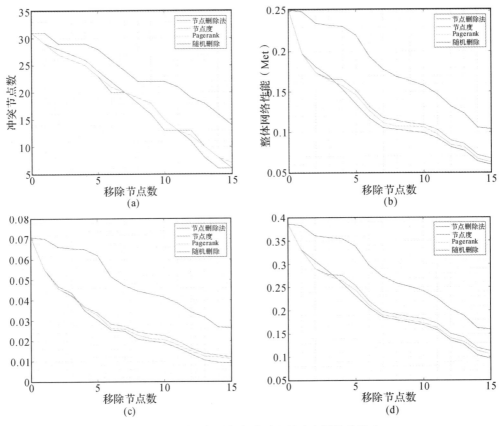

图 6.8 不同节点选择方式对飞行冲突网络的影响
(a) 冲突节点数;(b) 整体网络性能;(c) 网络效率;(d) 鲁棒性

6.4 基于网络合作博弈的多机冲突解脱方案

拥挤的空域导致产生飞行冲突的可能性增大,而飞行冲突是引起飞行事故的一个重要导火索。因此,快速有效地预防飞行冲突,特别是面对空域拥挤且潜在飞行冲突数量较多的复杂的冲突场景时,为管制员提供解脱效果好且可行性高的冲突解脱方案,是亟需解决的问题。

在多机冲突解脱方法的研究中,学者们往往将解脱冲突作为最优先目标,但过程中存在个体解脱成本不公平的问题,虽缩短了算法的搜索时间,但得到的往往是可行解,而不是最优公平解。与人工势场法、最优控制法等常见的多机冲突解脱方法相比,博弈论在优化资源配置上有独有的优势,而相较于满意博弈论,合作博弈更关注联盟福利和个体利益间的效益均衡,本章结合了复杂网络理论和合作博弈论的优点,提出了基于网络合作博弈的多机冲突解脱模型,将飞行冲突网络视为整个联盟,网络中的所有节点是联盟的参与人;从联盟整体角度,希望网络整体的冲突解脱效果最好;从个体的角度出发,希望自己的解脱成本小,二者相互博弈,得到兼备冲突消解能力和个体公平性的冲突解脱方案。

6.4.1　基于合作博弈"核仁解"的冲突解脱理论

在飞行冲突网络中,节点间的连边关系和边权能够反映空域中飞行冲突的数量和紧迫程度,当网络中航空器节点的飞行状态发生改变时,网络性能随之发生变化,因此,冲突解脱后的网络性能能够反映解脱方案的整体解脱效果,网络中的连边数量越少、网络效率越低时,解脱效果越好。在冲突解脱的过程中,整个飞行冲突网络为达到解脱多机飞行冲突的目的,会追求整体解脱效率最优,但忽略了冲突解脱的个体公平性和优先级问题,针对这一问题,引入合作博弈"核仁解"的思想,实现网络整体和各航空器节点间的效益均衡。

核仁解的概念最早由 Schmeidler 提出,其本质是在保证联盟福利最优的同时,最小化联盟的不满意程度,实现整体和个体间的效益均衡,且有唯一解。在本书中,整个网络中所有节点 $A = \{a_i \mid i \in [1, n]\}$,满足联盟福利最优的不同冲突解脱策略组成策略集 $S = \{s_k \mid k \in [1, m]\}$,记 V 为联盟成本函数,其中 V 能够反映联盟整体满意度,V 越小时,联盟整体满意度越高。在冲突解脱博弈的过程中:一方面,从个体的角度出发,希望自己的避让成本小,不满意度低;另一方面,从联盟整体角度考虑,希望调整后的网络冲突解脱效果最好,这种追求联盟福利最优的特点与"核仁解"是一致的,兼顾了群体合理与个体合理。

1. 冲突解脱效能的网络评价指标

在航空器节点构成的冲突网络联盟中,联盟福利与解脱策略的整体冲突解脱效果有关,整体冲突解脱效果越好,联盟福利越高,因此,需定义能反映整体冲突解脱效果的评价指标。

在多机解脱的研究中,人们往往将航空器对之间的两两间隔作为检验解脱策略有效性的标准,但在飞行冲突网络中,网络连边能更直观地反映一对航空器节点之间的冲突或潜在冲突关系,当两节点之间无连边时,则这对航空器无冲突。因此,对于飞行冲突网络,可作出如下判断:当网络中的连边数减少时,则该场景下的冲突解脱策略是有效的。但这其中存在一个问题,网络连边数量虽然可以反映网络中存在冲突的航空器对的数量,但并不能体现整个网络的冲突紧迫程度,如图 6.9 所示,图 6.9(a)中的飞行冲突网络 A 和图 6.9(b)中的网络 B 均有 26 条连边,但图 6.9(a)中的平均连边权重 $\bar{w}_a = 0.354\ 2$,图 6.9(b)中的平均连边权重 $\bar{w}_b = 0.396\ 0$。由此可见,在同一网络中,即使连边数量相同,网络中飞行冲突的紧迫程度也是不同的,将网络连边数作为冲突解脱的目标函数缺少梯度性。

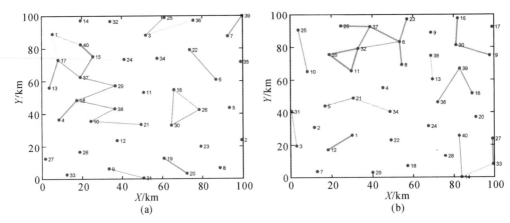

图 6.9 连边数量相同的飞行冲突网络

(a)飞行冲突网络 A;(b)飞行冲突网络 B

针对这一问题,本书选取网络鲁棒性(NR)、网络效率(NE)、集聚系数(CC)构成的评价冲突解脱效果综合网络指标(Comprehensive Network Metrics,CNM)。

为确定 CNM 中各指标的权重,应用层次分析法计算 NR、NE、CC 在 CNM 中的权重系数,通过判别矩阵,计算得到鲁棒性、网络效率、集聚系数的权重向量为[0.539 6 0.297 0 0.163 4],同时得到 CI=0.006 4,CR=CI/RI=0.007 9,通过了一致性检验。故综合网络指标 CNM 可表示为

$$CNM=0.539\ 6NR+0.297\ 0NE+0.163\ 4CC \tag{6.15}$$

该指标综合考虑了飞行冲突网络中的连边数量、强度和节点聚集程度,兼备梯度性和反映冲突解脱效果的能力,能够在冲突解脱过程中起到重要的作用,有助于快速消解网络,当 CNM 最小时,联盟福利最大。

2. 联盟成本函数

一个好的冲突解脱策略要在保证安全的前提下,使解脱成本尽可能小,在飞行冲突网络中,联盟的参与者的数量为节点数 n,冲突解脱策略集为 ST,联盟中的各个节点在最小安全间隔的约束下通过调整自己的飞行状态互相博弈,不同解脱策略下,各航空器的不满意程度不同。在本书中,根据航空器自身特点,将成本函数划分为速度成本 V_i^s 和航向成本 V_i^h:

$$V_i^s=\left(\frac{\Delta v_i}{v_i}\right)^2 \tag{6.16}$$

$$V_i^h=\sin^2(\Delta\theta_i) \tag{6.17}$$

式中:v_i 是节点 a_i 的初始飞行速度;Δv_i、$\Delta\theta_i$ 分别为某一解脱策略下,a_i 的速度增量和水平航迹倾角;V_i^s、V_i^h 的值域均为[0,1]。

则联盟成本函数 V 可表示为

$$V=\sum_{i=1}^{n}(k_1V_i^s+k_2V_i^h) \tag{6.18}$$

式中:k_1、k_2 为速度项 V_i^s 和角度项 V_i^h 在成本函数 V 中的权重系数。

3. 节点优先级

在飞行冲突网络中,不同航空器的解脱紧迫程度是不同的,边权 w_{ij} 是反映节点 a_i 和节点 a_j 迫近效应的网络指标,点强是与某节点相连的边的边权之和,能进一步反映节点冲突的紧迫程度,节点 a_i 的点强可表示为

$$w_i = \sum_{j=1}^{n} w_{ij} \tag{6.19}$$

同时,在飞行冲突网络联盟中,为使解脱策略迅速可靠,解脱优先级高的节点应承担更小的解脱成本,即节点解脱优先级越高,该节点的成本权重系数越高,定义联盟中网络节点 a_i 的成本系数 m_i 为

$$m_i = \exp(w_i) \tag{6.20}$$

根据定义,经合作博弈后的网络联盟核仁解(NS)可表示为

$$\mathrm{NS}(x) =$$

$$\left\{ x \in \mathrm{ST} \mid \sum_{i=1}^{n} m_i \left[k_1 \nu_i^{\mathrm{s}}(x) + k_2 \nu_i^{\mathrm{h}}(x) \right] \leqslant \sum_{i=1}^{n} m_i \left[k_1 \nu_i^{\mathrm{s}}(y) + k_2 \nu_i^{\mathrm{h}}(y) \right], \forall y \in \mathrm{ST} \right\} \tag{6.21}$$

4. 策略公平性与联盟满意度最优的一致性

"核仁解"的基本思想是设计出一种公平解,促使参与者在不损害联盟福利的前提下,个体满意度更高。本书建立联盟成本函数 V 来反映联盟整体满意度,V 越小,联盟满意度越高。这其中存在一个问题:即如果成本函数 V 减小时,联盟整体满意度增加,个体满意度反而减小了,那么联盟成本函数 V 的减小将无法提高解脱策略的公平性。为了证明成本函数 V 的有效性,本节引用速度障碍法进行数学推导,并设计实验验证了成本函数 V 与策略公平性的关系,具体步骤如下。

如图 6.10 所示,处于同一高度层上的飞机 P_1 和 P_2 分别以速度 ν_1、ν_2 向前飞行,根据飞行冲突判别标准,显然在此场景下,两架飞机之间存在潜在飞行冲突,根据联盟成本函数 V 的定义式(6.21),策略公平性与联盟满意度最优的一致性证明应包含航向成本函数一致性和速度成本函数一致性。

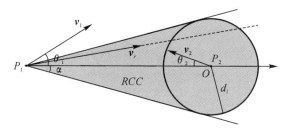

图 6.10　双机冲突示意图

(1)航向成本函数一致性的验证。

图 6.11 分别展示了 P_1 独立航向解脱、P_2 独立航向解脱和合作航向解脱的原理,当飞行状态调整后两机的相对速度向量与 RCC 的边界相重合时,则视作解脱成功。

对解脱过程中的重要参数定义如下：记 m_1、m_2 为 P_1 和 P_2 优先级系数；在 P_1 和 P_2 独立航向解脱过程中，飞行状态未发生改变的航空器的解脱成本 $V=0$，记 V_{h_1}、V_{h_2} 分别为两个场景下的解脱成本，$\Delta\theta_1$、$\Delta\theta_2$ 为 P_1 和 P_2 解脱航迹倾角；当 P_1 和 P_2 合作进行航向冲突解脱时，$\Delta\theta_{c_1}$、$\Delta\theta_{c_2}$ 分别为 P_1、P_2 的航迹倾角，成本为 V_{h_c}；

先求 $\Delta\theta_1$、V_{h_1}。如图 6.11(a) 所示，令 θ_1、θ_2 分别为 P_1 和 P_2 的初始航向角，β 是 $\boldsymbol{v}_r$ 与 x 轴的夹角，ε 是 $\boldsymbol{v}_2$ 与 $\boldsymbol{v}_r$ 的夹角，ε' 是 $\boldsymbol{v}'_2$ 与 $\boldsymbol{v}'_r$ 的夹角，γ 是 $\boldsymbol{v}_r$ 与 $\boldsymbol{v}'_r$ 的夹角，$\boldsymbol{v}_1$ 为航向解脱后 P_1 的速度向量，则解脱后 P_1 的航向角为 $\theta_1+\Delta\theta_1$。根据图中几何关系和正弦定理，化简可得：

$$\Delta\theta_1 = \arcsin\left[\frac{|\boldsymbol{v}_2|}{|\boldsymbol{v}_1|}\sin(\theta_2+a)\right]+a-\theta_1 \tag{6.22}$$

则当 P_1 独立航向解脱时，V_{h_1} 可表示为

$$V_{h_1} = m_1\sin^2(\Delta\theta_1) \tag{6.23}$$

再求 $\Delta\theta_2$、V_{h_2}。如图 6.11(b) 所示，P_2 独立航向解脱的过程与 P_1 相类似，记解脱后 P_2 的速度向量为 $\boldsymbol{v}'_2$，在此过程中，P_2 的航迹倾角为 $\Delta\theta_2$。经整理得：

$$\Delta\theta_2 = \theta_2+a-\arcsin\left[\frac{|\boldsymbol{v}_1|}{|\boldsymbol{v}_2|}\sin(\theta_2-a)\right] \tag{6.24}$$

当 P_2 独立航向解脱时，V_{h_2} 可表示为

$$V_{h_2} = m_2\sin^2(\Delta\theta_2) \tag{6.25}$$

最后求 $\Delta\theta_{c_1}$、$\Delta\theta_{c_2}$、V_{h_c}。如图 6.11(c) 所示，当 P_1 和 P_2 通过合作进行航向解脱时，P_1、P_2 通过调整各自的航迹倾角 $\Delta\theta_{c_1}$ 和 $\Delta\theta_{c_2}$，使得相对速度向量 v_r 偏转角度 γ_1 和 γ_2（$\gamma_1+\gamma_2=\gamma$）。根据图中的几何关系和正弦定理，化简得：

$$\Delta\theta_{c_1} = \arcsin\left[\frac{|\boldsymbol{v}_2|}{|\boldsymbol{v}_1|}\sin(\gamma_1+\varepsilon)\right]+\gamma_1+\varepsilon-\theta_1-\theta_2 \tag{6.26}$$

$$\Delta\theta_{c_2} = \gamma+\varepsilon-\arcsin\left[\frac{|\boldsymbol{v}'_1|}{|\boldsymbol{v}'_2|}\sin(\theta_1+\Delta\theta_{c_2}-a)\right] \tag{6.27}$$

当 P_1 和 P_2 合作进行航向解脱时，V_{h_c} 可表示为

$$V_{h_c} = m_1\sin^2(\Delta\theta_{c_1})+m_2\sin^2(\Delta\theta_{c_2}) \tag{6.28}$$

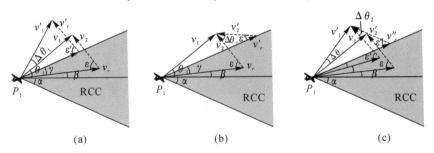

图 6.11　双机航向解脱原理

(a) P_1 独立航向解脱；(b) P_2 独立航向解脱；(c) P_1、P_2 合作航向解脱

前面推导了飞机独立航向解脱和合作航向解脱的联盟成本函数，其中当双机合作消解

飞行冲突时,可认为:P_1 被分配了使相对速度向量偏转角度 γ_1 的任务,而 P_2 被分配了使相对速度向量偏转角度 $\gamma_2(\gamma_1+\gamma_2=\gamma)$ 的任务,当 $0<\gamma_1<\gamma$ 时,即视作两机合作。下面,本书设计了具体冲突场景(见表 6.3),图 6.12 为航空器仅能改变航向的前提下联盟成本函数 V_{h_1}、V_{h_2}、V_{h_c} 随 γ_1 的变化关系。

γ_1 的定义域为 $\gamma_1\in[0,7.081]°$,由图 6.12 可知,随着 γ_1 增大,两机逐渐加深在航向解脱上的合作,合作解脱下的联盟解脱成本 V_{h_c} 逐渐降低,当 $\gamma_1=4.6°$ 时,即飞机 P_1 承担使相对速度向量偏转 $4.6°$ 的任务时,联盟解脱成本最小,$V_{h_c}=0.01591$;当 $\gamma_1\in[1.9$ $7.081]°$ 时,$V_{h_c}<V_{h_1}<V_{h_2}$,两机合作解脱的联盟解脱成本比 P_1、P_2 任一架航空器单独解脱时的联盟解脱成本都要低。综上,随着航空器间的航向合作解脱程度不断加深,联盟成本逐渐降低,联盟满意度提升,因此,对于联盟成本函数 V 中的航向成本 V^h,当航空器对加深航向合作程度时,策略公平性得到体现,同时联盟支付成本减小,满意度提升,其策略公平性与联盟满意度最优的变化趋势是一致的。

表 6.3　初始飞行状态信息

飞　机	起点坐标/km	水平航向角/(°)	速度/(km·h⁻¹)
P_1	$(-30,0,4.2)$	60	750
P_2	$(0,0,4.2)$	135	700

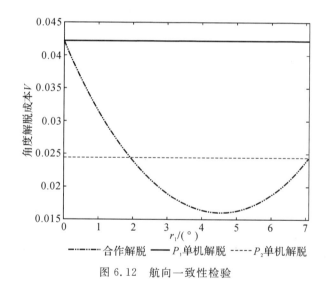

图 6.12　航向一致性检验

(2)速度成本函数一致性的验证。

图 6.13(a)(b)(c)分别展示了 P_1 独立速度解脱、P_2 独立速度解脱和合作速度解脱的原理,对解脱过程中的重要参数定义如下:在 P_1 和 P_2 独立航向解脱过程中,记 V_{s_1}、V_{s_2} 分别为两个场景下的解脱成本,Δv_1、Δv_2 为 P_1 和 P_2 的速度增量;当 P_1 和 P_2 合作进行速度解脱时,Δv_{c_1}、Δv_{c_2} 为 P_1 和 P_2 的速度增量,成本为 V_{s_c}。结合图中的几何关系和正弦定理,化简并整理。

当 P_1 独立速度解脱时，Δv_1、V_{s_1} 可表示为

$$\Delta v_1 = \frac{\sin(\theta_2 + a)}{\sin(\theta_1 - a)} |v_2| - |v_1| \tag{6.29}$$

$$V_{s1} = m_1 \left(\frac{\Delta v_1}{|v_1|}\right)^2 \tag{6.30}$$

当 P_2 独立速度解脱时，Δv_2、V_{s_2} 可表示为

$$\Delta v_2 = \frac{\sin(\theta_1 - a)}{\sin(\theta_2 + a)} |v_1| - |v_2| \tag{6.31}$$

$$V_{s_2} = m_2 \left(\frac{\Delta v_2}{|v_2|}\right)^2 \tag{6.32}$$

当 P_1 和 P_2 合作进行速度解脱时，Δv_{c_1}、Δv_{c_2}、V_{s_c} 可表示为

$$\Delta v_{c_1} = \frac{\sin(\gamma_1 + \varepsilon)}{\sin(\theta_1 + \theta_2 - \gamma_1 - \varepsilon)} |v_2| - |v_1| \tag{6.33}$$

$$\Delta v_{c_1} = \frac{\sin(\theta_1 - a)}{\sin(\theta_2 + a)} (|v_1| + \Delta v_{c_1}) - |v_2| \tag{6.34}$$

$$V_{s_c} = m_1 \left(\frac{\Delta v_{c_1}}{v_1}\right)^2 + m_2 \left(\frac{\Delta v_{c_2}}{v_2}\right)^2 \tag{6.35}$$

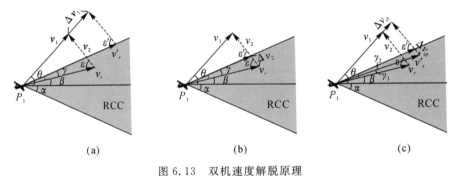

图 6.13　双机速度解脱原理

(a) P_1 独立速度解脱；(b) P_2 独立速度解脱；(c) P_1、P_2 合作速度解脱

在速度成本函数的一致性检验中，仍在表 6.3 中的冲突场景的基础上进行实验，图 6.14 记录了航空器仅能改变速度的前提下，联盟成本函数 V_{s_1}、V_{s_2}、V_{s_c} 随 γ_1 的变化关系。

由图 6.14 可知，随着 γ_1 增大，两机逐渐加深在速度解脱上的合作，合作解脱下的联盟解脱成本 V_{s_c} 逐渐降低，当 $\gamma_1 = 3.4°$ 时，联盟成本函数达到最小值 $V_{s_c} = 0.010\ 24$，之后随着 γ_1 增大，两机合作程度逐渐减小，当 $\gamma_1 \in [0,6.4]°$ 时，$V_{s_c} < V_{s_1} < V_{s_2}$，两机合作解脱的速度成本比 P_1、P_2 任一架航空器单独解脱的速度成本都要低。

综上，随着航空器间逐渐加深速度解脱上的合作程度，解脱策略的公平性得到体现，个体满意度升高，与此同时，联盟整体解脱成本逐渐降低，联盟满意度升高。因此，对于联盟成本函数 V 中的速度成本 V^s 和航向成本 V^h，其策略公平性与联盟满意度的变化趋势是一致的，在冲突解脱的过程中，若联盟成本函数 V 减小，则联盟满意度上升的同时，解脱策略的公平性提高。

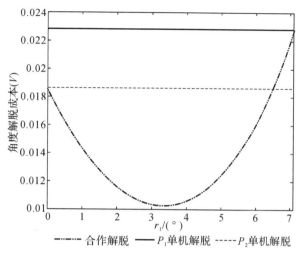

图 6.14　联盟成本函数随 r_1 的变化关系

6.4.2　基于 NSGA-Ⅱ算法的网络冲突消解

在飞行冲突解脱的过程中,本书采用 3 种冲突解脱方式——航向机动、速度机动、航向-速度混合机动 3 种解脱策略。在冲突解脱过程中,航空器的支付代价越小,解脱方案的经济效益越高,可行性越高,在前面,本书定义了支付代价函数和节点优先级,航空器节点之间相互博弈,利用核仁解的概念,在保证联盟整体福利最大的同时,又要使联盟不满意度最小,但这两个目标下的解是相互冲突的,调整网络中的"关键节点"是消解网络最有效的方式,但"关键节点"的优先级高,在联盟成本函数中的权重系数大,难以实现两个目标同时达到最优值。因此,本书引入 NSGA-Ⅱ算法求解两个目标值折衷的解集,即 Pareto 最优集,相较于其他多目标优化算法,NSGA-Ⅱ算法不仅保证了算法的收敛性,也具有潜在的并行性,即找到的 Pareto 最优集可以均匀地分布且分布范围广,保证计算精度的同时缩短搜索时间。

1. 优化目标函数

优化目标函数是解决多目标优化问题的关键,为使得 Pareto 最优集中包含"核仁解",优化目标函数应包括以下方面。

(1)目标函数 J_1。综合网络解脱指标能够直观地反映解脱策略在冲突网络中的解脱效果,综合网络指标越小,该解脱策略的解脱效果越好,当目标值为 0 时,网络中不存在飞行冲突和潜在飞行冲突,将综合网络指标 CNM 作为目标函数之一,则 J_1 可表示为

$$J_1(\Delta v_i, \Delta\theta_i) = 0.539\ 6\ \text{NR} + 0.297\ 0\text{NE} + 0.163\ 4\ \text{CC} \tag{6.36}$$

(2)目标函数 J_2。在由航空器节点构成的网络联盟中,不同的解脱策略下,各节点需支付的解脱成本是不同的,支付的解脱成本越低,航空器节点的满意度越高,解脱策略的效果越好。联盟成本函数可直观地反映某一解脱策略下的联盟总成本,前面证明了策略公平性与联盟成本最优的一致性,联盟成本函数能够兼顾群体合理与个体合理,故将联盟成本函数

作为目标函数之一,记联盟中共包含 n 个航空器节点,则 J_2 可表示为

$$J_2(\Delta v_i, \Delta \theta_i) = \sum_{i=1}^{n} m_i \left[k_1 \left(\frac{\Delta v_i}{v_i} \right)^2 + k_2 \sin^2(\Delta \theta_i) \right] \tag{6.37}$$

式中: m_i 为第 i 架航空器的优先级; Δv_i 、 $\Delta \theta_i$ 为第 i 架航空器在该解脱策略下的速度增量和航迹倾角; k_1 、 k_2 分别为成本函数中速度项和角度项的权重系数。

2.约束条件及编码方式

(1)约束条件。

本书在模拟飞行环境时,提出以下假设:

1)定义飞机在飞行过程中的速度控制限为 $|v| \in [600, 900]$ km/h。

2)在冲突解脱过程中,单架飞机的解脱航迹倾角应满足 $|\Delta \theta| \leqslant 60°$。

(2)编码方式。

在冲突解脱过程中,记需要调整的节点数量为 $|\Delta \theta| \leqslant 60°q$,结合 3 种解脱方式和遗传算法的特点,对航向机动、速度机动、航向-速度混合机动 3 中解脱方式下的染色体进行编码。图 6.15 展示了 3 种解脱方式下的染色体,图 6.15(a)为航向解脱时的染色体,1 至 q 位分代表各待解脱节点的航迹倾角;图 6.15(b)为速度解脱时的染色体,记录了 q 个待解脱节点的解脱速度;图 6.15(c)为复合解脱下的染色体,长度为 $2q$,其中前 q 位是航向位,记录了节点在复合解脱过程中节点的航迹倾角, $q+1$ 至 $2q$ 位为速度位,记录了复合解脱过程中各节点的解脱速度。

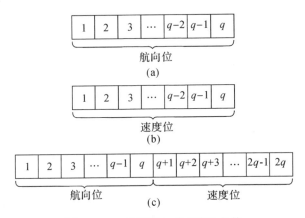

图 6.15　3 种解脱方式下的染色体

(a)航向机动解脱的染色体;(b)速度机动解脱的染色体;(c)航向-速度混合机动解脱的染色体

3.初始化种群

解脱策略的求解时间越短,则该策略的实时性越好。为缩短策略的求解时间,本书推导了航空器在不同解脱方式下的解脱初值来缩短初始种群与核仁解之间的距离,以期提高方法的实时性。图 6.16 为基于速度障碍法的多机冲突解脱原理,根据 6.2.3 节中的飞行冲突判断标准可知,当相对速度向量落在 RCC 范围内时,两机构成飞行冲突或潜在飞行冲突。因此,一个有效的冲突解脱策略应使解脱后的相对速度向量脱离 RCC,结合核仁解的定义可知,一个有效的解脱初值应满足两个条件:①初值解与解脱可行域相接近;②解脱成本尽

可能低。

在飞行冲突网络中,记节点 a_i 的度为 d,则 a_i 的边权可表示为 $\{w_{i_1},w_{i_2},\cdots,w_{i_d}\}$,其中 $w_{i_j}=\max\{w_{i_1},w_{i_2},\cdots,w_{i_d}\}$,即 a_j 是与节点 a_i 构成连边权重最大的节点。在 3 种解脱方式下,仅改变节点 a_i 的飞行状态,分别应用速度障碍法解脱节点 a_i 与 a_j 之间的飞行冲突,航向解脱时,记节点 a_i 的最小水平航迹倾角为 $\Delta\theta_{h_i}$($\Delta\theta_{h_i}<0$,a_i 顺时针调整航向;$\Delta\theta_{h_i}>0$,a_i 逆时针调整航向);速度解脱时,记节点 a_i 的最小速度增量为 Δv_{s_i}($\Delta v_{s_i}>0$,a_i 加速;$\Delta v_{s_i}<0$,a_i 减速);复合解脱时,节点 a_i 的水平航迹倾角为 $\Delta\theta_{m_i}$、速度增量为 Δv_{m_i}。则对于网络中的任一节点 a_i,其航向解脱初值为 $\Delta\theta_{h_i}$;速度解脱初值为 Δv_{s_i};复合解脱初值为 $\Delta\theta_{m_i}$ 和 Δv_{m_i}。各解脱方式下解脱初值的具体推导步骤如下。

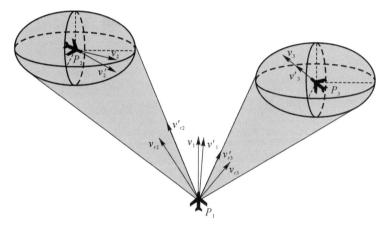

图 6.16　多机冲突解脱原理

(1)航向解脱初值。

如图 6.17 所示,存在潜在飞行冲突的两个航空器节点 a_i、a_j 的飞行速度分别为 v_i、v_j,采用航向解脱的方式消解飞行冲突,不改变 a_i 速度大小(即 $|v'_i|=|v_i|$),仅改变 a_i 的水平航迹倾角 $\Delta\theta_{h_i}$,使新的相对速度 $v'_r=v'_i-v_j$ 脱离 RCC。

图 6.18 展示了截平面上的双机航向解脱原理,记 O 为 RCC 在 P_j 所在高度层上的截平面,v_{pi}、v_{pj} 分别为 v_i、v_j 在 O 上的投影,a_i 经航向调整后,相对速度脱离 RCC,v_{p_i} 与 v'_{p_i} 的夹角 $\Delta\theta_i$ 即为航向机动解脱策略中 a_i 的水平航迹倾角,ε 是 v_{p_i} 与 v_{p_r} 的夹角,ε' 是 v_{p_i} 与 v'_{p_r} 的夹角,γ 是 v_{p_r} 与 v'_{p_r} 的夹角。

在矢量三角形 $v'_{p_i}-v_{p_j}=v'_{p_r}$ 中,根据图中几何关系和正弦定理可得:

$$\frac{|v'_{p_i}|}{\sin(\theta_j+\alpha)}=\frac{|v_{p_j}|}{\sin(\theta_i+\Delta\theta_{h_i}-\alpha)} \tag{6.38}$$

将 $|v'_{p_i}|=|v_{p_i}|$ 代入式(6.34)并进行化简,则在航向解脱中,节点 a_i 的航向解脱初值 $\Delta\theta_{h_i}$ 可表示为

$$\Delta\theta_{h_i}=\arcsin\left[\frac{|v_{p_j}|}{|v_{p_i}|}\sin(\theta_j+\alpha)\right]+\alpha-\theta_i \tag{6.39}$$

(2)速度解脱初值。

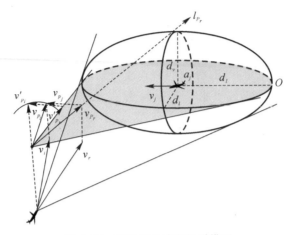

图 6.17　双机航向冲突解脱模型

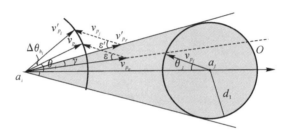

图 6.18　截平面上的航向解脱原理

与航向解脱原理相似,在速度解脱中,a_i 保持原航向不变,仅改变 a_i 速度大小,使新的相对速度 $\boldsymbol{v}'_r = \boldsymbol{v}'_i - \boldsymbol{v}_j$ 脱离 RCC。

如图 6.19 所示,a_i 与 a_j 之间存在飞行冲突,$\Delta \boldsymbol{v}_{s_i}$ 为 a_i 在应用速度机动解脱策略时的最小速度增量,$\Delta \boldsymbol{v}_{p_i}$ 是 $\Delta \boldsymbol{v}_i$ 在截平面 O 上的投影,其余角度变量符号与航向解脱中的定义一致。

在矢量三角形 $\boldsymbol{v}'_{p_i} - \boldsymbol{v}_{p_j} = \boldsymbol{v}'_{p_r}$ 中,根据图中几何关系和正弦定理可得:

$$\frac{|\boldsymbol{v}_{p_i}| + \Delta \boldsymbol{v}_{p_i}}{\sin(\theta_i + \alpha)} = \frac{|\boldsymbol{v}_{p_j}|}{\sin(\theta_i - \alpha)} \tag{6.40}$$

则在速度解脱中,节点 a_i 的速度解脱初值 $\Delta \boldsymbol{v}_{s_i}$ 可表示为

$$\Delta \boldsymbol{v}_{s_i} = \frac{\Delta \boldsymbol{v}_{p_i}}{\cos \theta_{i_v}} = \frac{1}{\cos \theta_{i_v}} \left[\frac{\sin(\theta_j + \alpha)}{\sin(\theta_i - \alpha)} |\boldsymbol{v}_{p_j}| - |\boldsymbol{v}_{p_i}| \right] \tag{6.41}$$

式中:θ_{i_v} 为节点 a_i 的俯仰角。

(3)复合解脱初值。

除了以上两种方法,同时改变飞机的航向和速度也可规避飞行冲突。在解脱过程中,飞机航向和速度的可调整范围有限,相较于航向机动和速度机动解脱,航向-速度复合机动解脱的适用性更强,可应对的冲突场景更多。在航向-速度复合解脱中,a_i 同时调整航迹倾角和速度大小,使新获得的相对速度 $\boldsymbol{v}'_r = \boldsymbol{v}'_i - \boldsymbol{v}_j$ 脱离 RCC,记 $\boldsymbol{v}_r$ 的最小偏转角度为 γ,在混

合机动中,为便于推导分析,本节将 a_i 的航向及速度大小的调整过程分别独立分析,航向、速度机动分别承担着使初始相对速度向量 $\boldsymbol{v}_r$ 偏转 γ_1 和 γ_2 的任务($\gamma_1+\gamma_2=\gamma$)。a_j 是与 a_i 构成连边权重最大的航空器节点,则节点 a_i 的混合解脱初值具体推导步骤如下。

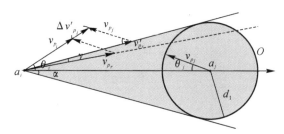

图 6.19　截平面上的速度解脱原理

如图 6.20 所示,将航向机动与速度机动独立分析,记 $\boldsymbol{v}_{spr}$、$\boldsymbol{v}_{hpr}$ 分别是速度、航向机动后相对速度向量在截平面 O 上的投影,ε、ε'、ε'' 分别为 $\boldsymbol{v}_{pj}$ 与 $\boldsymbol{v}_{pr}$、$\boldsymbol{v}_{spr}$、$\boldsymbol{v}_{hpr}$ 的夹角。

图 6.20 中有如下角度关系:

$$\gamma_1+\gamma_2=\gamma=\varepsilon-\theta_2 \tag{6.42}$$

在矢量三角形 $\boldsymbol{v}'_{p_i}-\boldsymbol{v}_{p_j}=\boldsymbol{v}'_{spr}$ 中,由正弦定理可得:

$$\frac{|\boldsymbol{v}_{p_i}|+\Delta\boldsymbol{v}_{p_i}}{\sin(\gamma-\gamma_1+\varepsilon)}=\frac{|\boldsymbol{v}_{p_j}|}{\sin(\theta_i+\theta_j+\gamma_1-\gamma-\varepsilon)} \tag{6.43}$$

将式(6.43)化简得

$$\Delta\boldsymbol{v}_{p_i}=\frac{\sin(\gamma-\gamma_1+\varepsilon)}{\sin(\theta_i+\theta_j+\gamma_1-\gamma-\varepsilon)}|\boldsymbol{v}_{p_j}|-|\boldsymbol{v}_{p_i}| \tag{6.44}$$

则复合解脱时的速度增量 $\Delta\upsilon_i$ 可表示为

$$\Delta\boldsymbol{v}_{m_i}=\frac{\Delta\boldsymbol{v}_{p_i}}{\cos\theta_{i_v}}=\frac{1}{\cos\theta_{i_v}}\left[\frac{\sin(\gamma-\gamma_1+\varepsilon)}{\sin(\theta_i+\theta_j+\gamma_1-\gamma-\varepsilon)}|\boldsymbol{v}_{p_j}|-|\boldsymbol{v}_{p_i}|\right] \tag{6.45}$$

在矢量三角形 $\boldsymbol{v}'_{p_i}-\boldsymbol{v}_{p_j}=\boldsymbol{v}'_{hpr}$ 中,由正弦定理可得

$$\frac{|\boldsymbol{v}_{p_i}|+\Delta\boldsymbol{v}_{p_i}}{\sin(\theta_j+\varepsilon)}=\frac{|\boldsymbol{v}_{p_j}|}{\sin(\theta_i+\Delta\theta_{mi}-a)} \tag{6.46}$$

将式(6.46)化简,复合解脱时的水平航迹倾角 $\Delta\theta_{m_i}$ 可表示为

$$\Delta\theta_{m_i}=\arcsin\left[\frac{|\boldsymbol{v}_{p_j}|}{|\boldsymbol{v}_{p_i}|+\Delta\boldsymbol{v}_{p_i}}\sin(\theta_j+\varepsilon)\right]+a-\theta_i \tag{6.47}$$

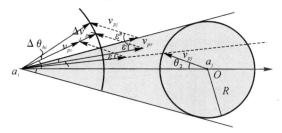

图 6.20　截平面上的复合解脱原理

综上,在飞行冲突网络进行多机冲突解脱的过程中,待解脱节点 a_i 在不同解脱方式下的解脱初值 $\mathrm{Val}_{\mathrm{initial}}$ 可表示为

$$\mathrm{Val}_{\mathrm{initial}}=\begin{cases}\Delta \boldsymbol{v}_{h_i}=0,\Delta\theta_{h_i}=\arcsin\left[\dfrac{|\boldsymbol{v}_{p_j}|}{|\boldsymbol{v}_{p_i}|}\sin(\theta_j+\alpha)\right]+\alpha-\theta_i \\[2mm] \Delta \boldsymbol{v}_{s_i}=\dfrac{1}{\cos\theta_{i_v}}\left[\dfrac{\sin(\theta_j+\alpha)}{\sin(\theta_i-\alpha)}|\boldsymbol{v}_{p_j}|-|\boldsymbol{v}_{p_i}|\right],\Delta\theta_{s_i}=0 \\[2mm] \Delta \boldsymbol{v}_{m_i}=\dfrac{1}{\cos\theta_{i_v}}\left[\dfrac{\sin(\gamma-\gamma_1+\varepsilon)}{\sin(\theta_i+\theta_j+\gamma_1-\gamma-\varepsilon)}|\boldsymbol{v}_{p_j}|-|\boldsymbol{v}_{p_i}|\right] \\[2mm] \Delta\theta_{m_i}=\arcsin\left[\dfrac{|\boldsymbol{v}_{p_j}|}{|\boldsymbol{v}_{p_i}|+\Delta \boldsymbol{v}_{p_i}}\sin(\theta_j+\varepsilon)\right]+a-\theta_i\end{cases} \qquad (6.48)$$

本书前面推导了网络中的任一节点 a_i 在 3 种解脱方式下的初始解脱值,接下来对初始化种群进行定义,首先,基于节点删除法,对飞行冲突网络中各航空器节点重要度进行排序,根据管制员的实际工作能力和管制需求确定待调整的节点数量,按照节点重要度顺序决定待调配的节点编号,最后,根据式(6.48)并结合模拟飞行过程中对飞行状态的约束条件,求解相应的解脱初值,并将其注入初始种群。其中:当 $|\boldsymbol{v}_i|+\Delta \boldsymbol{v}_i<600\ \mathrm{km/h}$ 时,$|\boldsymbol{v}_i|+\Delta \boldsymbol{v}_i=600\ \mathrm{km/h}$;$|\boldsymbol{v}_i|+\Delta \boldsymbol{v}_i>900\ \mathrm{km/h}$ 时,$|\boldsymbol{v}_i|+\Delta \boldsymbol{v}_i=900\ \mathrm{km/h}$;当 $|\Delta\theta_i|>60°$ 时,$|\Delta\theta_i|=60°$。

6.4.3　算法步骤

本书结合 NSGA-Ⅱ算法将网络冲突解脱分为以下几个步骤,流程如图 6.21 所示。

(1)构建初始网络。获取空域中的飞行态势信息,构建飞行冲突网络,并计算网络权重矩阵 $\boldsymbol{W}$。

(2)确定待调配的关键节点序号及成本权重。对节点按重要度由高到低进行排序,根据管制需求确定待解脱的航空器节点数量 q 及成本权重。

(3)初始化种群。根据式(6.44)求解解脱初值,生成初始种群 P_g。

(4)选择、交叉、变异。计算目标函数值并进行非支配关系排序,按照交叉变异遗传算子操作,产生子代种群 Q_g。

(5)父代与子代合并。初始种群 P_g 与子代 Q_g 合并,形成规模为 $2q$ 的新种群,再次执行非支配关系排序操作,筛选出规模为 q 的新初始种群 P_{g+1}。

(6)选择、交叉、变异。新初始种群 P_{g+1} 按照交叉变异遗传算子操作,产生新子代种群 Q_{g+1} 并更新个体对应的网络权重矩阵 $\boldsymbol{W}$。

(7)重复执行步骤(5)(6),直至达到算法的最大迭代次数,输出 Pareto 最优集中目标函数值 J_1 最小的染色体,对应核仁解 NS,即最优的冲突解脱方案。

6.4.4　仿真分析

为验证本文所提出的基于网络合作博弈的三维冲突解脱算法的有效性,在 MATLAB 环

境下对该方法进行仿真和验证。首先,在 100 km×100 km 空域内的不同高度层上(3 900 m,
4 200 m,4 500 m,4 800 m)随机生成 40 架航空器节点,将节点的初始速度限制在[600,
900] km/h 以内。根据冲突网络的连边建立规则,通过确定航空器节点间的两两冲突关系
建立连边。在下面的仿真实验中,假设管制员在当前条件能够调配 10 架航空器,在此飞行
冲突网络的基础上,首先分析飞行冲突网络和飞机状态网络的区别,然后应用 3 种不同的解
脱方式来解脱飞行冲突,并对比不同解脱方式下的解脱效果。

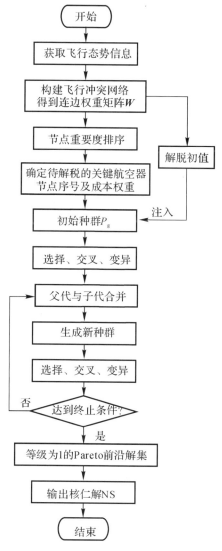

图 6.21　基于 NSGA-Ⅱ算法的网络冲突解脱流程

1. 网络分析

图 6.22(a)是初始飞行冲突场景下的飞行冲突网络,图 6.22(b)是该场景下的飞行状态
网络。图 6.23(a)和图 6.23(b)分别是两种网络中的节点度值。对比这 4 张图可知,飞行冲

突网络中共包含 18 条连边,状态网络中包含 124 条连边,各节点度值明显高于冲突网络中的各节点度。相较于基于航空器位置关系构建连边的飞机状态网络,飞行冲突网络中的冲突探测方法能够对飞机汇聚态势和分离态势进行区分,有效减少空域中的虚警数量,特别是在航空器密度较大的空域中,能够避免管制员不必要的精力分配。

在图 6.22(a) 中,飞行冲突网络中共包含 40 个航空器节点、18 条连边,其中 3 900 m、4 200 m、4 500 m、4 800 m 高度层上的航空器节点数量分别为 8、9、13、10 个,其中,构成连边关系,且处于不同高度层的节点对包括 $\{a_2, a_{16}\}$、$\{a_2, a_{37}\}$、$\{a_3, a_{14}\}$、$\{a_7, a_{31}\}$、$\{a_{10}, a_{25}\}$、$\{a_{11}, a_{18}\}$、$\{a_{12}, a_{26}\}$、$\{a_{16}, a_{26}\}$、$\{a_{24}, a_{34}\}$、$\{a_{24}, a_{37}\}$、$\{a_{25}, a_{38}\}$,此时飞行冲突网络的综合指标值 CNM 是 0.118 0。接下来,利用节点删除法将飞行冲突网络中的节点按重要度由高到低进行排序,并求解待调配节点的成本权重。表 6.4 为节点的重要度排序,表 6.5 为各节点在成本函数中的权重系数。由表 6.4 可知,待调配的航空器节点为 $\{a_{24}, a_{37}, a_1, a_{26}, a_2, a_{16}, a_3, a_{14}, a_{22}, a_{32}\}$。

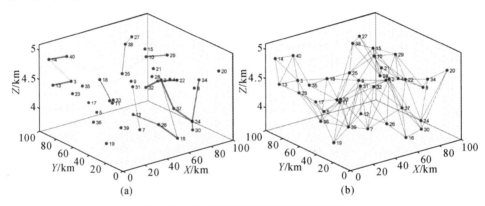

(a)　　　　　　　　　　　　　(b)

图 6.22　初始飞行冲突场景的两种网络

(a)飞行冲突网络;(b)飞行状态网络

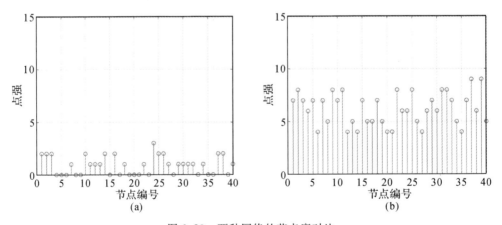

(a)　　　　　　　　　　　　　(b)

图 6.23　两种网络的节点度对比

(a)飞行冲突网络;(b)飞行状态网络

表 6.4 节点重要度排序

节点编号	Met	节点编号	Met	节点编号	Met	节点编号	Met
24	0.094 8	13	0.111 3	25	0.116 6	17	0.121 3
37	0.097 3	40	0.111 6	27	0.118 7	19	0.121 3
1	0.099 3	34	0.112 5	7	0.118 9	20	0.121 3
26	0.102 8	10	0.113 4	31	0.118 9	21	0.121 3
2	0.104 7	12	0.114 0	4	0.121 3	23	0.121 3
16	0.105 0	29	0.114 1	5	0.121 3	28	0.121 3
3	0.109 8	30	0.114 6	6	0.121 3	33	0.121 3
14	0.110 1	38	0.115 0	8	0.121 3	35	0.121 3
22	0.110 1	11	0.116 0	9	0.121 3	36	0.121 3
32	0.110 2	18	0.116 0	15	0.121 3	39	0.121 3

表 6.5 各节点在成本函数中的权重系数

节点编号	成本权重	节点编号	成本权重	节点编号	成本权重	节点编号	成本权重
24	5.05 4	13	1.975	25	1.339	17	0
1	4.59 8	40	1.933	27	1.181	19	0
37	4.13 9	10	1.688	7	1.18	20	0
26	3.11 9	34	1.684	31	1.18	21	0
16	2.51	29	1.621	4	0	23	0
2	2.477	12	1.525	5	0	28	0
3	2.171	38	1.519	6	0	31	0
22	2.153	30	1.463	8	0	33	0
32	2.135	11	1.454	9	0	35	0
14	02.125	18	1.454	15	0	36	0

2. 不同解脱方式的冲突解脱效果

分别采用速度解脱、航向解脱和复合解脱 3 种方式对飞行冲突网络中 40 个航空器节点之间的飞行冲突进行解脱,假设在当前的空中态势和工作负荷下,管制员最多可调配 10 架航空器。为提高解脱策略的时效性,根据表 6.4 中的节点重要度顺序,仅调整前 10 架航空器的飞行状态,即可调整的航空器节点是 $\{a_{24}, a_{37}, a_1, a_{26}, a_2, a_{16}, a_3, a_{14}, a_{22}, a_{32}\}$,这样减少了染色体的长度,缩短计算时间。

在确定了待调整的航空器节点之后,需要确定 k_1、k_2 以及 γ_1/γ 的值,并根据式(6.48)计算不同解脱方式下的初始解脱方案。k_1 和 k_2 分别代表成本函数中航向和速度成本的权重系数。对于飞机本身来说,与加速或减速相比,调整航向会使飞机偏离原来的轨迹,造成空域的浪费，同时也会涉及轨迹恢复的问题。所以在条件相同的情况下，调整航向的成本要高于调整速度。在本章中，令 $k_1=0.7$、$k_2=0.3$。接下来确定 γ_1/γ 的值，令 $\tau=\gamma_1/\gamma$，为将初始复合解决方案代入初始飞行冲突网络后网络的值，令 $\Delta CNI=0.118\,0-CNI_0$，$\Delta CNI$ 值越大，则该初始复合解决方案与核仁解的距离越短，效果越好。表 6.6 给出了记录了当 τ 的值是从 0.1～0.9 变化时对应的 ΔCNI 值，从表 6.6 中可以看出，当 $\tau=0.9$ 时，初始复合解析方案效果最好，即 $\gamma_1=0.9\gamma$。

接下来计算不同解脱方式下的初始解脱方案，表 6.7 给出了 3 种解脱方式下的初始解脱方案。

表 6.6   不同 τ 值下的 ΔCNI 值

τ	0.1	0.2	0.3	0.4	0.5	0.6	0.7	0.8	0.9
ΔCNI	−0.003 7	−0.004 9	−0.003 5	0.001 4	0.014	0.016 4	0.037 2	0.045 1	0.069 5

表 6.7   初始解脱方案

序号	节点编号	航向初值/(°)	速度初值/(km·h⁻¹)	复合解脱初值
1	24	+60	600	+45.41°,900 km/h
2	37	+60	600	+40.40°,900 km/h
3	1	+60	600	+59.30°,900 km/h
4	26	+60	600	+57.21°,881.35 km/h
5	2	+60	600	+51.75°,900 km/h
6	16	+60	600	+50.32°,818.36 km/h
7	3	+60	900	+63.76°,900 km/h
8	14	+60	600	+39.81°,766.96 km/h
9	22	+60	600	+44.14°,853.46 km/h
10	32	+60	600	+49.41°,900 km/h

根据多次实验，当 40% 的初始种群中包含解脱初值时，算法的收敛效果最好，因此，在初始种群中注入 40% 解脱初值周围的小范围随机值，令种群数量为 25 个，迭代 300 次，对 3 种解脱方式进行遗传编码并进行冲突解脱，最优解脱方案如下。

（1）航向解脱。

图 6.24 记录了在航向解脱时，算法迭代过程中目标函数的收敛情况，前面证明了联盟成本函数 J_2 与各节点解脱成本的一致性，因此，根据网络联盟解脱核仁解的定义，等级为 1 的 Pareto 前沿解集上冲突解脱效果最优的解即是核仁解（NS），即前沿解中目标函数 J_1 最小的解，重复执行算法 5 次，取最优值，最终得到航向解脱下网络联盟合作博弈后的核仁解（见表 6.8），解脱后的飞行冲突网络如图 6.25 所示。结合上述图表可知，在此次航向解脱过程中，共调整 10 个航空器节点，网络中的连边数量从 18 个减至 7 个，共解脱 7 个节点对处于不同高度层的飞行冲突，即 $\{a_2,a_{16}\}$、$\{a_2,a_{37}\}$、$\{a_3,a_{14}\}$、$\{a_{12},a_{26}\}$、$\{a_{16},a_{26}\}$、

$\{a_{24},a_{34}\}$、$\{a_{24},a_{37}\}$。解脱后综合网络指标由 0.118 0 减至 0.025 8,联盟解脱成本为 9.99,在核仁解中,节点 a_{24} 水平航迹倾角仅顺时针调整 2.46°,通过与其他节点的合作,a_{24} 的度值由 3 减至 1,且支付成本很小。后续实验不再重复多次求解的内容,直接采用多次实验中的最优结果进行验证。

表 6.8　航向解脱方案

节点编号	水平航迹倾角/(°)	节点编号	水平航迹倾角/(°)
24	−2.46	2	+23.51
1	+60.00	3	+56.79
37	+60.00	22	+31.52
26	+42.18	32	+32.52
16	+53.53	14	+59.14

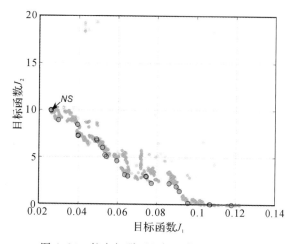

图 6.24　航向解脱下目标函数的收敛情况

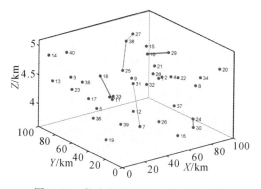

图 6.25　航向解脱后的飞行冲突网络

(2)速度解脱。

速度解脱时,算法迭代过程中目标函数 J_1、J_2 的收敛情况如图 6.26 所示,Pareto 最优解集上 J_1 最小的解即是速度解脱时的联盟核仁解(NS),表 6.9 记录了联盟核仁解下的速度解脱方案,解脱后的飞行冲突网络如图 6.27 所示。结合以上图表可知,速度解脱后,J_1(综合网络解脱指标)由 0.118 0 减至 0.100 5,仅减少了 0.017 5,核仁解下的联盟解脱成本 $J_2 = 0.138\ 6$,远小于航向解脱时的联盟解脱成本 9.99,经速度解脱后,网络中的连边数由 18 个减至 14 个,均为节点对处于不同高度层的飞行冲突,即 $\{a_2, a_{16}\}$、$\{a_3, a_{14}\}$、$\{a_{11}, a_{18}\}$、$\{a_{24}, a_{34}\}$。虽然速度解脱速度的解脱成本很低,但其解脱效率远低于航向解脱。

表 6.9　速度解脱方案

节点编号	解脱速度/(km·h^{-1})	节点编号	解脱速度/(km·h^{-1})
24	773.77	2	701.97
1	601.45	3	769.67
37	655.57	22	600.00
26	616.64	32	610.37
16	668.13	14	672.68

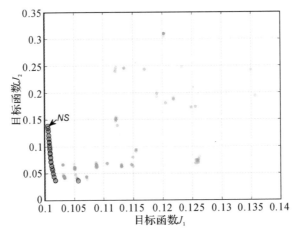

图 6.26　速度解脱时目标函数的收敛情况

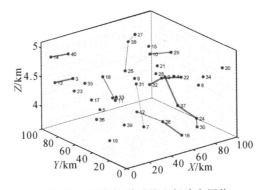

图 6.27　速度解脱后的飞行冲突网络

（3）复合解脱。

图 6.28 记录了复合解脱过程中，目标函数 J_1、J_2 的收敛情况，并标记了核仁解（NS）的位置，具体的复合解脱方案见表 6.10，复合解脱后的飞行冲突网络如图 6.29 所示。结合以上图表可知，复合解脱后，J_1（综合网络解脱指标）由 0.118 0 减至 0.021 0，此时联盟解脱成本 $J_2=9.19$，解脱后冲突网络中连边数由 18 个减至 6 个，共解脱 7 个节点对处于不同高度层的飞行冲突，即 $\{a_2,a_{16}\}$、$\{a_2,a_{37}\}$、$\{a_3,a_{14}\}$、$\{a_{12},a_{26}\}$、$\{a_{16},a_{26}\}$、$\{a_{24},a_{34}\}$、$\{a_{24},a_{37}\}$。相较于航向和速度解脱，复合解脱效果更好，核仁解的解脱成本更低。

表 6.10　复合解脱方案

编号	水平航迹倾角/(°)	解脱速度/(km·h⁻¹)	编号	水平航迹倾角/(°)	解脱速度/(km·h⁻¹)
24	−6.06	679.16	2	53.80	763.10
1	47.12	734.14	3	55.06	753.64
37	45.51	898.37	22	26.41	873.44
26	30.42	869.19	32	45.99	600.03
16	43.68	892.38	14	59.17	649.43

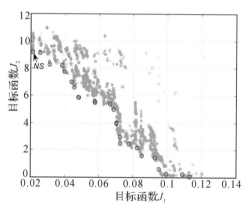

图 6.28　复合解脱下目标函数的收敛情况

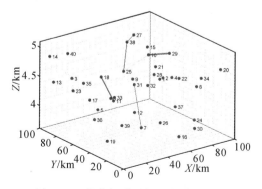

图 6.29　复合解脱后的飞行冲突网络

通过以上分析可知,航向解脱和复合解脱均能够找到解脱效果好且解脱成本低的冲突解脱策略,速度解脱的解脱效果不理想,因此,在复杂的空域环境下,若仅调节航空器的速度,难以得到良好的冲突解脱效果。复合解脱的解脱效果最优,消解的飞行冲突数量最多,但由于复合解脱时染色体长度最长,算法收敛速度有所下降。

在上面的实验中,比较了不同解脱方式下的冲突解脱效果,实验结果表明本书所提方法具备面对复杂冲突环境时的冲突消解能力。为了证明方法的公平性,本书在接下来的实验中比较了单目标遗传算法(Genetic Algorithm,GA)和本书方法的冲突解脱效果和联盟解脱成本,如图 6.30 所示,图 6.30(a)(b)分别记录了 3 种解脱方式下,目标函数 J_1 和 J_2 随调整节点数的变化趋势。由图 6.30(a)可知,调整节点数目改变时,两种算法下最优解的综合网络指标 J_1 基本保持一致。而根据图 6.30(b)的实验结果,本书所提方法下核仁解的联盟解脱成本明显低于 GA 最优解的解脱成本,且当调整节点数较多时,3 种解脱方式下的核仁解显然更具备公平性,当调整节点数目大于 7 时,相较于 GA 算法下的最优解,航向解脱下核仁解的解脱成本平均降低 25.0%,速度解脱时的解脱成本平均降低 22.1%,复合解脱时的解脱成本平均降低 30.9%。

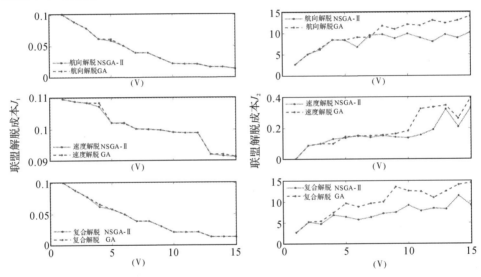

图 6.30　两种算法下目标函数随调整节点数量的变化趋势
(a)目标函数 J_1;(b)目标函数 J_2

3.关键节点及解脱初值对冲突解脱的影响

在上文中,对节点的重要度进行了排序,通过仅调整 10 架关键航空器节点缩短了染色体长度,并在初始种群中加入了 40% 的解脱初值,以期加快算法的收敛速度,在航向和复合解脱中得到了解脱效果好、成本低的冲突解脱方案。本节共设计了 A、B、C、D 这 4 种初始种群方案(见表 6.11),研究调整关键节点及向初始种群中注入解脱初值这两种种群优化方式对于冲突解脱的影响。

方案 A 表示随机选择 10 个调配节点,同时根据不同解脱方式,在决策变量变化范围内随机选择初始值的初始种群;方案 B 表示在随机选择 10 个调配节点基础上,在 40% 的种群中注入解脱初始方案[根据式(6.44)计算得到]周围的小范围随机值;方案 C 表示按照表 6.4 中的节点重要度排序,选择前 10 个节点作为调配节点,各种群随机生成解脱方案的初始种群;方案 D 表示选择调配前 10 个关键节点的基础上,向 40％的初始种群中注入初始解脱方案周围的小范围随机值。其中,方案 A、B 的染色体长度为 20 位,方案 C、D 的染色体长度为 10 位。

表 6.11　初始种群方案

初始条件	随机初值	40％解脱初值
随机调配节点	A	B
调配关键节点	C	D

算法每次迭代的过程中,目标函数 J_1 最小值的位置即是核仁解的位置,图 6.31 记录了 3 种解脱方式中 A、B、C、D4 种初始种群条件下核仁解的收敛情况,如图 6.31(a)所示,在航向解脱的过程中,相较于初始种群 A,向种群注入 40％解脱初值后,算法收敛速度小幅度提高,选择高优先级节点作为解脱节点后,算法收敛速度大幅加快,注入种群 D 后,算法在进化至第 159 代时迅速收敛,进化至第 164 代时,J_1 收敛至最优值,航向解脱至最优效果;由图 6.32(b)可知,在速度解脱的过程中,种群 C 和 D 下的算法收敛速度较快,进化至第 167 代时,核仁解达到速度解脱最优效果,种群 A 和 B 下的算法收敛速度较慢,但相较于种群 C、D,A 和 B 条件下算法收敛后的速度解脱效果更优;在图 6.31(c)中,复合解脱过程中,4 类种群条件下核仁解的收敛情况与航向解脱相近,种群收敛速度为 D＞C＞B＞A,与航向解脱相比,复合解脱时在种群 A 基础上注入 40％解脱初值后,算法收敛速度更快,在种群 D 条件下,算法进化至第 157 代,核仁解达到复合解脱最优效果。

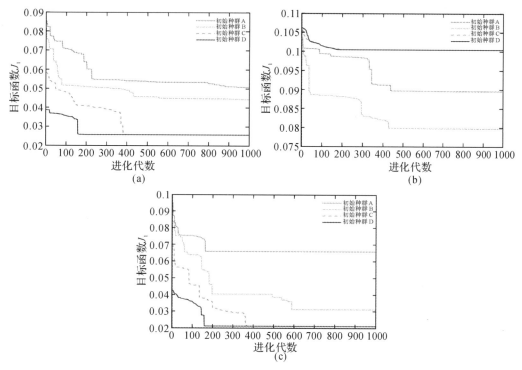

图 6.31　不同初始种群条件下解的收敛情况
(a)航向解脱;(b) 速度解脱;(c) 复合解脱

通过上述分析,我们对不同初始种群对算法收敛速度的影响有了初步判断,但 NSGA-Ⅱ算法具有随机性,一次迭代难以说明问题,为降低算法随机性对整体收敛趋势的影响,得到更准确结论,本书进行如下实验。以航向解脱为例,进化次数每增加 10 代,就重复执行算法 3 次,图 6.32 展示了在航向解脱时迭代次数为 $20\sim400$ 代的进化过程中,4 类种群中目标函数 J_1 的变化情况,是重复执行算法 117 次得到的结果。取 3 次结果的平均值记录在图 6.33(a)中,图 6.33(b)分别记录速度解脱和复合解脱下算法结果的平均值,图 6.33 反映了在不同解脱方式下,4 种初始种群对核仁解收敛趋势的影响。

结合图 6.31 和 6.33 进行对比分析,得到如下结论:仅调配关键航空器节点以及向初始种群中注入 40% 解脱初值均能够提高算法的收敛速度,其中由图 6.31(a)(c)、6.33(a)(c)可知,在航向解脱和复合解脱中,调整关键节点不仅能大幅提高算法收敛速度,还能避免收敛至局部最优解,在注入解脱初值后,缩短了初始种群与核仁解之间的距离,解的波动幅度减小,收敛更快;由图 6.31(b)和 6.33(b)可知,速度解脱时,向种群中注入解脱初值对算法收敛速度影响不大,主要是由于速度的调整范围具有局限性,速度解脱初值难以缩短初始种群与核仁解之间的距离。此外,航向、速度、复合解脱 3 种解脱方式下的平均计算时间分别为 12.04 s,12.42 s 和 15.17 s。

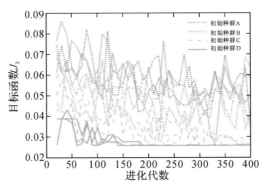

图 6.32 航向解脱下的重复实验结果

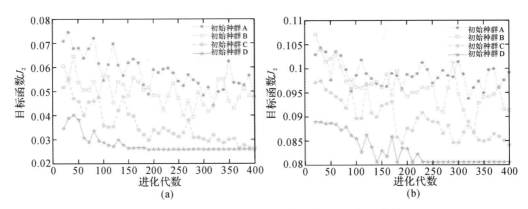

图 6.33 各初始种群在不同迭代次数下的目标函数值

(a) 航向解脱;(b) 速度解脱

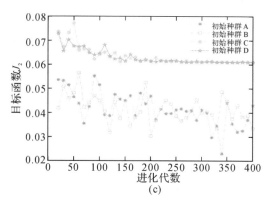

续图 6.33　各初始种群在不同迭代次数下的目标函数值

（c）复合解脱

6.5　本章小结

　　本章依据空中航空器之间的冲突关系构建了飞行冲突网络模型,网络中的连边数量和边权能够直观反映对应空域内飞行冲突的数量和冲突紧迫程度。在此基础上,本章还提出了基于节点删除法的关键节点识别方法,通过比较各节点被删除后网络整体性能的变化,识别出网络中亟需调配的航空器节点。最后结合飞行冲突网络和合作博弈提出了冲突解脱模型,该模型在飞行冲突网络联盟的基础上,利用 NSGA－Ⅱ算法进行精细搜索,以消解空域中处于不同高度层的多架航空器间的飞行冲突。

参 考 文 献

［1］　WAN Y，TANG J，LAO S Y，Distributed conflict detection and resolution algorithms for multiple uavs based on key-node selection and strategy coordination ［J］. IEEE Access，2019，7:42846－42858.

［2］　孙梦圆,田勇,叶博嘉,等. 飞行冲突探测与解脱方法研究综述［J］. 航空计算技术, 2019，49(5):125－128.

［3］　REICH P G. Analysis of long-range air traffic systems:separation standards:Ⅰ［J］. Journal of Navigation，1966，19(1):88－98.

［4］　颜丰琳. 自由飞行模式的多飞行器轨迹优化［D］. 杭州:浙江大学,2015.

［5］　吴学礼,陈海璐,许磊,等. 改进速度障碍法的无人机冲突解脱方法研究［J］. 电光与控制,2020，27(7):31－35.

［6］　李冰冰. 基于概率的区域管制扇区安全评估方法研究［D］. 天津:中国民航大

学，2017.

[7] 蒋旭瑞，吴明功，温祥西，等. 自由飞行下基于集成学习的概率型冲突探测算法[J]. 航空工程进展，2018，9(4)：530 − 536.

[8] 郑建兵. 复杂网络鲁棒性度量及其应用研究[D]. 上海：华东师范大学，2022.

[9] BARTHELEMY M，BARRAT A，PASTOR-SATORRAS R. Dynamical patterns of epidemic outbreaks in complex heterogeneous networks[J]. Journal of Theoretical Biology，2005，235(2)：275 − 288.

[10] WANG Z K，WEN X X，WU M G，et al. Identification of key nodes in aircraft state network based on complex network theory[J]. IEEE Access，2019，7：60957 − 60967.

[11] SCHMEIDLER，D. The nucleolar of a characteristic function game[J]. Siam Journal On Applied Mathematics，1968，17：163 − 1170.